U0023554

流轉的街道：府城米糧研究

邱睦容、鄭安佑 著

目次

Contents

局長序

讓文化接地氣

「米食」係民生問題，也是經濟、政治問題，更是社會、文化議題，大臺南自古就是臺灣的重要糧倉，而由「米食」所拓衍出來的街市空間、日常飲食、歲時節慶、生命禮俗與宗教祭祀等等層面，多元而精采，為此，「大臺南文化叢書」第八輯即以「大臺南米食文化」為專題，邀請「古都保存再生文教基金會」鄭安佑先生、邱睦容小姐和前聯合報記者謝玲玉小姐，分別進行府城與南瀛米食的研究與撰述，鉅細靡遺、面面俱到地論述米食文化，相當接地氣，也相當有在地感。張耘書小姐的《府城米糕栫研究》，則以踏實的田調研究法，詳細報導臺南(也是全國)唯二製作「米糕栫」的店家及其製作方法，豐富大臺南的米食文化。

此外，延續「大臺南文化叢書」風格，除了專題之外，也增加時事或重要議題研究，本輯新增《臺南都市原住民》、《臺南鳥文化》等二書，分別邀請記者曹婷婷小姐、鳥類研究達人李進裕老師執筆。「都市原住民」討論 16 個原住民族群落腳大臺南的沿革、歷程與長遠發展，讓隱身於「臺南都市」的原民朋友現身說法，找到定位；而「鳥文化」則以文化的角度，重新觀察黑面琵鷺、菱角鳥、黑腹燕鷗等等各種鳥類在臺南土地的生態、藝術與文學意趣，這是一個全新的議題，只有大臺南擁有這樣的鳥資源與生態文化。

因應新文化政策，「大臺南文化叢書」將朝向更活潑、更多元，也更具廣度與深度方向規劃，因此，從第九輯起我們將不再預設專題，而由各個文化領域的研究者挑選具前瞻性與挑戰性的研究議題，邀請專家學者進行相關研究，開啟另一扇文化之窗。

臺南市政府文化局局長

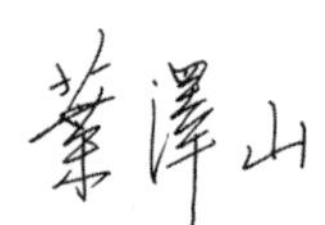

作者序

「看見」的街景

接觸米糧議題，大概是從 2015 年開始，因執行「臺南市舊城區常民生活米糧相關文化資產調查計畫」，與十多位志工開始沿街逐巷地尋找米糧行，以古地圖套疊 Google Map，展開了在日常生活範圍的尋寶之旅。參與者包含我在內，大多是未滿 30 歲的青年世代，也是鮮少有米行記憶的一代，沒有童年聽著碾米機嘎嘎聲運轉的經驗，也不曾走進一間米行秤斤論兩地買米，儘管街角還是有些米糧行忙進忙出，卻很難成為被「看見」的街景。

「米業的興盛時期，臺南約有五百間米店。那是還沒有大賣場的時候，『家庭代工廠』盛行，人人都在家裡從事加工業，工作、吃飯都在家裡，因此吃米的量很大。週一到週五，整條路上都像空城一樣，路上只有送米和送瓦斯的人，沒有其他人車。」

從許多老闆的口中，未曾參與的、城市與米糧的過去開始一一浮現：米是如何坐著火車來到臺南市區，牛曾是載米的重要夥伴，臺南的米原來不可以越區到高雄賣，米糧業又是如何興起與沒落……。除了透過口訪回溯課本上沒教、長輩也不會主動去說的城市記憶，也運用地理資訊系統（geographic information systems, GIS）還原清末臺灣府城內與米有關的空間，曾經有過一條麻糬巷、茯苓膏街、米街、米粉埔，聽起來可口的地名；又，原來到了1995年，府城周圍內的米糧行數量，比今天同一範圍內的7-11還要多！這些「發現」逐漸建構起概念中模糊的府城米糧輪廓。在這本書裡，除了市區米糧行，也加上了來自產地礱米廠、大賣（tuā-bē，大盤商）、米食小吃從業者的說法，於是可以看見農業機具的演進、社會環境結構的變化、國際政治情勢的影響，是如何具體而微地推移了生活的街景。

過往對於米的關注，較側重糧食與農業的大面向討論，近年來則以「飲食品味」之姿逐漸受人注目，但把米放回空間，每個地方的米糧行、礱米廠，介於生產與消費兩端，乘載著屬於各地的米糧記憶。家在屏東開設礱米廠的第二代告訴我，家鄉礱米廠的消失，來自於當地逐漸不種稻，因此無米可收；在後壁專門為庄頭服務的礱米廠，與在臺南市區進糙米來礱製與販售的米糧行，其消失與遷移也都有著不一樣的原因。以空間為引，由米糧行出發，看見米糧與當地百年來的變與不變。臺灣是米的國度，從鄉鎮到市區，都曾有米糧行、礱米廠的存在，或許這正是一種回頭認識地方的方法。

衷心期待這本書與姊妹作《延綿的餐桌：府城米食文化》能夠為米糧的歷史架起一個初步的布景，往後透過米，我們能與上一輩、下一代說起更多的故事。找一間米行上門買米吧！與老經驗的頭家們討教幾招煮飯的方法、嘗試幾種不同地方與品種的米，讓米糧行重新回到我們的生活裡。

作者序

視而後現／Visible but Unseen

這本書和系列叢書中的另一本《延綿的餐桌：府城米食文化》，是以財團法人古都保存再生文教基金會（以下簡稱「古都」）在 2015 年到 2017 年間所執行的「臺南市舊城區常民生活米糧相關文化資產調查計畫」為基礎，所延伸的一項成果。對於臺南市「常民生活」的關注，主要有兩個脈絡，一個是我在國立成功大學建築學系徐明福榮譽教授和吳秉聲教授研究室所參與和從事的聚落研究（settlement study），另一個就是古都成立廿年來所累積的調查人力能量和經驗。

對於臺灣的鄉村聚落（rural settlement），我們的庄頭，建築史學界自成一條研究取徑，發揮運用實體史料、轉譯匠師知識等建築專業，對鄉村聚落的本質提出了「建築史式的理解」。[1] 許多研究都展現了關於 （相對於現代的）傳統社會文化環境如何體現在建成環境中」（鄭安佑等，2018）。[2] 70 年

1 聚落研究在臺灣主要有三種取向，地理學、民族學，和建築史的（施添福，1993）。地理學的關懷是從聚落分布型態所反映出的各地理區區域性。對民族學者而言，聚落則是研究地方社會組織形式不可忽略的面向。例如前者以集、散、單路村分類村落，後者以一姓、主姓、多姓、雜姓村分類，這就反映研究取向間的差異。

2 鄭安佑、吳秉聲、徐明福，〈現代化過程中「社會經濟—都市空間」的謀生景致—以 1934 年臺南市末廣町路、本町路與米街為例〉，《建築學報》

代中葉建築取向的聚落研究開始發展，初期集中於漢人傳統宅第個案，80 年代逐漸擴及原住民部落、日治時期建築、地方性聚落。90 年代建築史學界開始提出更完整的聚落研究架構。

在上述提到的「聚落研究」的架構中，「維生的社會經濟」是在「臺南市舊城區常民生活米糧相關文化資產調查計畫」，同時也是本書和《延綿的餐桌：府城米食文化》特別關注的面向。我們想看見當代、一般市民的日常生活，「我們」如何在這座城市裡生存、生活。從這些真實而細微的事情裡，可能看到能視為臺南「常民生活文化」的實質內涵。

從研究室出發、在城市中移動、往復於基金會和街廓巷弄中。在古都，我們透過普查、填寫調查票、訪談、繪製地圖等等方式來盡量看到，如果有一種「臺南的米糧文化」，她可能是什麼，可以是什麼。她的「臺南點」應當出現在臺南人的日常生活中，應當由對此地生活有感的人去找到。於是這不會是一個學校圍牆裡的計畫，這些調查唯有志工的參與才可能達成，而像古都這樣的第三部門、非政府組織，是一個適切的，聚集的場域。

古都基金會在臺南各界對於文化資產與城鄉環境的重視

105（臺灣建築學會，2018），頁 93-118。這些鄉村聚落研究諸如徐明福榮譽教授及其學生在新竹新埔、北埔地區、臺南地區、澎湖及金門等漢人及原住民聚落，林會承榮譽教授在澎湖地區所進行的一系列研究。

中華日報

產官學界大集合 再造廿一世紀美麗之島

古都保存再生基金會成立

記者黃微芬／南市報導

打著再造廿一世紀美麗之島的旗幟，財團法人古都保存再生文教基金會廿八日正式成立，成員包括學者、建築師、公務人員、建設公司及營造廠等，堪稱一次產、官、學界關心台灣文化資產人士的大集合，為台灣文化資產保存事業再添一名新生力軍。

成立大會昨天上午十一時在吳園藝文館舉行，包括台南市長張燦鍙、國立文化資產保存研究中心籌備處主任林金悔、台南市文化資產保存協會理事長傅朝卿、鄉城文教基金會董事長顏惠山、成功大學文學院院長洋永清、台南市立文化中心主任許耿修等人都到場致意。

首屆董事會董事長、也是成功大學歷史系教授林瑤明指出，現今國內古蹟保存事業正面臨發展瓶頸，如何妥善維護及運用歷史建築與環境，擺脫過去「殘蹟或廢物」的靜態保存方式，邁向「再生與活用」的動態保存理念，並與社區發展緊密結合，共創「保存與發展」的雙贏局面，是文化資產保存工作的成敗關鍵，也是基金會成立的主要目標。

他說，將來基金會的關注對象，除了古蹟個體外，還將擴及歷史性建築、老街、傳統聚落、老舊社區等相關領域，期望透過歷史環境與建築的具體改善，喚醒民眾對生活周遭環境所處文化資產的重視。

張燦鍙表示，古蹟如果不能活化，等於「植物人」一樣，所以市府已經向上級相關單位提計畫，爭取經費，希望能活化古蹟，為古蹟注入新活力，將來府城的文化發展，在古蹟之外，還要寺廟、民俗活動優質化，並且朝產、官、學、民「四合一」的方向進行，結合各界的力量一起努力。

目前古都保存再生文教基金會第一屆董事會已經成立，四位常務董事分別是建築師曾國恩、成大建築系教授徐明福、好富建設董事長邱振銘及鄉城建設董事長特別助理林冠州等，下個月，基金會將與台南市文化資產保護協會共同在祀典武廟旁設立聯合辦公室，展開推動文化資產事業計畫。

圖 1：財團法人古都保存再生文教基金會成立報導剪報（圖片來源：財團法人古都保存再生文教基金會提供）

下，成立於 1999 年（圖 1）。對於文化資產的保存與發展，從點擴及到面、從靜態保存擴及到動態的再生與活用，朝向一個臺南獨特的城鄉環境與文化。廿年來持續與公部門、學界、業界合作，進行臺南縣市各類文化資產或相關資源的普查。這些普查，以及古都多年來對於建成環境的關懷行動，例如 2008 年開始進行的「老屋欣力」運動、老屋學校課程、2012 年的「欣府城，好生活」展覽等等，古都逐漸累積出一股能量、具技術的人力、以及讓志工願意加入網絡一起參與的人氣。

在這樣的基礎上，「臺南市舊城區常民生活米糧相關文化資產調查計畫」總共有21位志工參與（名單詳見謝誌），總共調查了47個里、填具了182份店家調查票、訪談51間店家、拍攝1073張影像、9部影片，許多場米糧文化資產導覽，並且用地理資訊系統整合了這些調查記錄。非常感謝這些志工，也是「臺南米糧文化」主體性之所從來。

在這本書中，我們提到了關於臺南的空間，以及空間之中積澱的歷史。不過，還想在這裡試著說說看的是，城市空間的意義或許不只來自於歷史—不管是政治史或是社會史—她還會與當代社群行動、實踐有關，與個人記憶有關，與我們共同經驗過的事件有關。在普查計畫裡，我們希望，也要求志工真正走遍每一個街廓，走進每一條巷弄，甚至是那些不成巷，在地圖可能上只是房子間的夾縫，卻是居民真正行走、使用的空間。這固然是基於普查求其調查完整的品管要求，但也是因為我們都知道此城巷弄走來如此美好愉快，普查如果可以是一個引子，讓人們走進日常未曾踐足之處，調查之餘，勢必能看見許多只有當下自己明白的景致。那麼就夠了，空間成為滿是意義和記憶的地方，並且使得「普查」這件事，「在一個沒人注意或有意疏忽的角落，固執地種植我的花朵」（廖淑芬，

2010）。[3]

2017年之後，我們擴大了這個計畫，以「臺南市常民生活文化研究與實踐」的架構，持續進行中西藥行，以及刻正進行的織品相關普查。米糧的調查成果，古都也以「能夠真的走進米店」為目標，出版了一本《府城米糧學習帳》。調查結束只是更長期的工作的開始，這點我想在本系列叢書的寫作出版上也是一樣的。

最後特別感謝本書另一位作者邱睦容小姐。雖說無基金會、無志工則無得以完成調查，但是如果沒有邱睦容小姐對於調查工作的職人規格的投入和帶領、對於臺南米糧文化的持續採訪、思考和真愛，那麼不管是調查計畫或是這幾本書，都不會如此好地進行。本書若讀來耳目一新或令人欣喜，都要歸功於上述的團體、個人、大家。至於闕漏錯誤或不盡之處，說文責在我是太過客套，不過確實還請給我們更多指教。

2019-3-2

3　廖淑芳，〈在一個沒人注意或有意疏忽的角落，固執地種植我的花朵——七等生〉，《第十四屆國家文藝獎得獎專刊》（臺北：國家藝術基金會，2010），標題。

第一章

前言

「……小百科來的那一年我們每天只要等著玩，什麼都不用管。直到他離開的時間愈長，我才愈來愈明白那是多麼特殊的經驗。我們很快落入大多數同齡小孩的處境，上美語班、學鋼琴，寒暑假就是去哪個營隊報到，我們只能讀著紙本的小百科想念小百科。上了國中，我們接連被扔進私立學校，在嚴格、無趣的升學管教下，讀完高中和大學。結果我們大學畢業又回到學校，阿明去當小學老師，我成了高中老師。」，阿桃在小說家黃崇凱的作品中如此現身說法。[1]

就算是不認識小百科和阿明、阿桃的讀者，也能在這段話裡清楚地感覺到作者想要描述的韶光易逝。如果因為文中的描述而興起了想要看看到底小百科是何許人也，為什麼竟然成為了一篇小說的主題，是一個世代人的集體記憶，那麼，除了舊書店，市面上還可以找到卅年後複刻的《漢聲小百科》，依然是堂皇12冊，從一到十二月的故事，每天一個單元，「跟著小百科混過一整年」。是卅年沒錯，時間就是如此容易過去。複刻版籌備時，出版社曾有更新內容的想法，但最後複刻版仍

1　黃崇凱，〈你讀過漢聲小百科嗎〉，《文藝春秋》（臺北：衛城出版社，2017），頁137-142。

然保留了原始內容。原因是什麼，普通讀者如我等斷斷不會知道，但是，正因為時間容易過去，今天這套書彷彿是某種文化變遷的見證，一份紀錄、一種社會時間的凍結。

如果是 1980 年代時讀過《漢聲小百科》的讀者，你一定記得那小百科的超能力，和書裡面生動無比的圖解和插畫。在 2010 年代的今天重讀，或者更可能的，和孩子、或姪子姪女一起重讀時，這種白駒過隙感會更為強烈。就像小說裡阿桃所自白的，「我偶爾猜想從小百科的角度來觀察此時的自己，會看到什麼？一具老化中的身體？各種器官機能圖解？那些充滿趣味的換算（例如把一個人體的血管拉出接在一起約有 10 萬公里可繞地球兩圈半），如今看來就只是數字，還比不上在便利商店看到買一送一的衛生棉特價給我的興奮感。我甚至不知道什麼時候失去了對世界的興趣。我知道有些讀者一定不敢相信，跟著小百科混過一整年的孩子長大後變得這麼乏味。……」

一個是多多少少變得「這麼乏味」的自己，另一個人是正要開始學習、體驗這個臺灣社會、土地、歷史的下一代人，「給孩子們一根棍子，一個支點，他們將舉起地球」。在 12 個月的故事裡，小百科的稻米系列介紹佔了八個單元。如果稍微數一下，可以發現這是在認識身體系列、寶島水果系列等生物、自然主題之外，單元數量數一數二的一個系列。內容從《二月的故事》「你吃了多少米飯開始」，三月「開始春耕了一看張伯伯整田」、「黃金的種子一春耕第二步：播種」、四月「春耕第三步：插秧」、六月「神秘的稻花」、七月「稻子收割了！」、八月「煮一鍋好吃的飯」，最後是十一月「馴稻記一我們吃的稻米怎麼來的？」。

卅年後的現在，正如同阿桃在小說中的發問，《漢聲小百科》當中的內容已經有些「不合時宜」。然而，這本《府城米糧研究》的微小工作，或許仍然呼應了《漢聲小百科》的策畫黃永松先生所提的「以本土田野調查和訪問為骨幹」，「將傳統文化與現代文化連接起來」的一些想法。[2] 這也是本書為什麼從一套卅年前的叢書寫起，一來是緊接著要從卅年前讀物描述的米文化，談到關於米糧文化在臺灣社會的一些轉變；二來，也是試著在眾聲喧嘩，瞬息萬變的當代以及容易過去的時間裡，固守一些基本的，追尋臺灣社會文化的想法和精神。

關於米的書，雖然這個主題比不上其他像是甜點、麵包、異國料理、養生料理等等，但大概仍然是以米食、食譜為最多。走進便利商店，隨手翻起一本關於米的雜誌，也多是在介紹如何煮米、吃米，煮得美味、吃得健康。但是，卅年前，小百科

2　誠品網路編輯群，2013，〈黃永松談漢聲小百科：以本土田野調查和訪問為骨幹，導引出世界性的知識〉。http：//stn.eslite.com/Article.aspx？id=2415（2019/3/13）

的稻米系列，注重的是稻米的耕種，而非食用。這點可以從《二月的故事》「你吃了多少米飯開始」一開始就看到，整個過程從種植、儲存、運送、買賣到食用，包括了「犁田、耙田、挑秧苗、插秧、耘草、施肥、噴農藥、收割、打穀、堆稻草、篩穀、曬穀、裝袋、入倉、鐵牛載運、農會倉庫碾米、糧食局統一分發、米行賣米」等階段，其中與種植有關的佔了最多篇幅。

如果再進一步看看以成年人為對象的讀物，1982 年同樣由漢聲出版的《漢聲 稻米專輯》裡有更多「專有名詞」。於是整個過程會再加上春耕的「開田、耖田、碌碡、選種、浸種、催芽」，《三月的故事》裡的田土抹平、推平、鏝平後的播種，播種後灑稻殼灰、搭竹架和蓋塑膠布，然後才是插秧。[3] 此外，耒、耜，由這兩者改良而來的犁，還有犁與牛、鼻環、軛的結合運用也不能不提。

插秧前，秧繩、插秧輪、秧標都是在田地上畫行，避免秧苗相距過近的工具。插秧時，秧苗從秧田運來，農人從秧盆中取出秧片、以拇指上帶著尖刃的「蒔田管」截取秧苗在插入土裡。插秧後，田水的灌溉和排水則是一大要事。

3　耖，音ㄔㄠ ˋ，據教育部「重編國語辭典修訂本」網站，指「重新鬆土耕作」義。碌碡，音ㄌㄨ ˋ　ㄉㄨ ˊ，指「用石頭做成的圓筒形農具。以石為圓筒形，中貫以軸，外施以木框，曳行而轉壓之，用以碾平場地或碾壓穀類。」

夏耘的「耘草」，除草如去惡。除草有客家人以腳除草、閩人穿「龜背」除草防曬，也有殺草劑除草。同樣的，施肥有糞尿肥料、有化學肥料，當然也有各種農藥。稻花並不大，抽穗後，稻花陸續從穗上端往下開，然後結實稻穗沉沉下垂。

秋收「收割」後的一系列工作，展現出稻作與臺灣鄉間傳統合院空間密不可分的關係。合院外的曬穀場進行篩穀、曬穀、裝袋，合院內的埕則是收穀和以麻油布覆蓋過夜。冬藏於「板倉、井倉、穀龍」，以及臺灣鄉間的「鼓亭笨」，或者在1980年代，運往鐵路倉庫儲藏。[4] 直到《八月的故事》才來到餐桌，瓦缽對阿明阿桃來說已經太古早了，在媽媽用字條就能教會兩人簡單地學會用電鍋煮飯之前，爺爺教他們煮飯則是用鋁鍋和瓦斯爐。最後，《十一月的故事》描述了史前時代野生稻米如何被發現，選種馴化的過程。

這些以耕種為主的內容，是卅年前的出版社介紹給讀者的「稻米文化」內涵。但是卅年前阿明一天吃四碗飯，一碗飯4,400粒米。2018年的今天，一碗飯的份量少了一些，有一說是4,000粒。就算都不談數據，稍微回想一下自己的三餐也很明白，我們可還天天吃到四碗飯？「米糧文化」的內涵，已經有所轉變。現今常用「買房養老」來半戲謔半諷諭地取代「養

4 「鼓亭笨」有許多音近而字異的寫法，這裡沿用書中的用字。

兒防老」，但在卅年前，「養兒防老」還有後面一句「積穀防飢」，卻是更早就因為臺灣整體米糧文化的轉變，而消失在常見的俗諺裡。

稻米對臺灣人的生活來說，不只有上述的「稻作文化」的意義而已。作為一種重要的作物，米不但是臺灣的常民百姓在日常生活中主要的糧食，還有著另一種同樣貼近日常生活的經濟意涵，作為整個社會衡量物價、生活是否穩定的重要指標。

稍微回到比小百科的 80 年代要早上一些的時代，在日治末期戰時統制物資和戰後初期物價波動甚鉅的情況下，根據建築師李重耀先生和營造業者廖欽福先生的回憶（互助營造股份有限公司，2012），對於營造業，尤其是擔負大型公共建設像是軍事、水利工程的營造業者來說，在進行工程時，米糧的籌措是與備妥物料同樣重要。[5] 人必須吃飽才能工作，「構工需先備糧」，充足的糧食甚至是更攸關工程進度的事項。

李重耀先生說到參與 1946 年臺灣總督府修復時，工人的工資是用白米當作計價單位。廖欽福先生回憶錄裡更清楚地記得在他 1946 年承接「下淡水溪旗山段土庫堤防修復工程」時，「……一天要出動 2,000 個工人，一人一天一斤米，一天就得 20 包米（一包米 100 台斤），當時米價一斤 8 元，他花了 400

5　互助營造股份有限公司，《臺灣營造業百年史》（臺北：遠流，2012），頁 319。

萬元買了 50 萬斤的白米，占其工程周轉金的八成。」

相對於上述比較是大時代變遷背景下的情況，陳其南先生（1999）則在一篇文章中生動地描述了臺灣 60 年代鄉村家庭的生計變化。[6] 那是「耕者有其田」政策實施後，每一戶農家大約都有一兩公頃的旱田。小農世代務農，生活在多房分支的家族中，因此，鄉村由許多合院所組成。

在這個時期，如文中所言，稻穀仍然是最可靠的衡量單位，一個家庭的財富，是看他年收多少斤稻穀。而且，農家之間的借貸和標會，是以稻穀斤數當作單位，公務員的每月補貼幾斤稻米也是重要指標。在 1958 年到 1966 年之間，陳其南先生的父親將自用之外的稻穀全數寄存在鄉村的碾米廠中，母親則隨時可以從碾米廠領到現金，當作陳其南先生當時在外地就學的所費，「土地和稻穀是恆產與生計的保障」。

這樣的情況，在臺灣 70 年代工業化速度加快後有所改變，稻米產量不見得減少，但公務員薪資調升、加工出口區和中小企業製造業吸引鄉村年輕人流向都市，「……我看到尚未退休的父親已逐漸失去他的光芒，黃金時代已經過去」。作者繼續描述臺灣鄉村生產型態的快速改變，有時從台北回到家中，喊

6　陳其南，〈臺灣地理空間想像的變貌與後現代人文地理學一一個初步的探索〉，《師大地理研究報告》30（臺北：國立臺灣師範大學地理學系，1999），頁 175-220。

不出田園中的作物名字、也不知道這些作物要做什麼用、要賣給誰。地區的作物景觀能在一兩年內完全改變。陳其南先生描述，一開始是改種香蕉、接著是臺灣用不到的日本料理小菜原料、美國小地方加工廠要用的小番茄、直到 1999 年時回到屏東看到的檳榔園。

在這段過程裡，陳其南先生很切身的指出，農村從種植稻米，「一種與自己的文化傳統和生活價值觀有關係的作物」，轉變成「生產一種純粹的『市場商品』！……（鄉下農民）甚至只是模糊的知道價格是由地球另一端說不同語言的企業老闆所決定的。」鄉村農夫仍固守著所謂的「水稻生產倫理」，怎麼「體會、對付和抗拒這種好像來自外太空隕石之重擊？」於是，這些事情終於滲透到了稻作的每一個流程中，影響了每個家庭的生計，不管是自耕或代耕，春耕夏耘、秋收冬藏的每一個程序，都必須「工資化」或「現金化」，而且向都市的工資看齊。

陳其南先生描述 1966 年的臺灣，還是一個工業尚在起步，全島交通系統不足的時代。「每回從屏東家裡要到臺北上學，只能搭火車，如果還算準時也得花十二個鐘頭以上。」在這個時候，一個青少年如果想環島，只能選擇騎腳踏車。甚至因為市面沒有堪用的地圖，陳其南先生身陷苗栗丘陵區兩三天才脫身。[7] 在陳其南先生撰寫這篇文章的 1999 年時，飛機、公路的建設已經能夠在一天之內抵達包括離島的所有地方。更不說本書當下的 2019 年，90 年代設置的科學工業園區使得臺灣西部走廊成為一個都會區域。2007 年通車的高速鐵路，將臺灣西部「時空壓縮」為一個一日生活圈。

時間好容易過去，這些變化既劇烈，又不知不覺地發生在「這麼乏味」的日常生活中。於是我們可以察覺到，在小百科到今天的卅年間，我們對於「稻米、吃米」的看法已經有了轉變。漢聲所採集的這些以農人、農業、農地為主體的稻作文化，已經從泥肉到餐桌，慢慢轉移到以消費者為主要訴求的米糧、米食文化。[8]

眾多志工和本書兩位作者，在古都保存再生文教基金會於 2015 年到 2017 年間進行的「臺南市舊城區常民生活米糧相關文化資產調查計劃」裡訪談了其中尚在開業且願意受訪的 19 間米行，歸納市區米行消失的原因包括：[9]

1. 飲食習慣改變

---

7 臺灣的地圖審查條例，要到 2004 年才正式廢止。

8 春耕開田時，先要掘出一層不含有機質的過硬泥土作為田埂，稱為「泥骨」，「泥肉」指的則是表土那層富含有機質的部分。

9 本計畫由國家文化藝術基金會補助，參與的志工名單詳見謝誌。

2. 大型碾米廠一條龍的產銷模式
3. 勞動力成本高，傳統的經營方式缺少年輕人接班
4. 糧商執照申請容易，各通路皆可賣米

但是，在這些轉變裡，仍然有些足以被稱為是一種傳統、一種文化，貼近生活的本質，始終不變的部分。卅年前漢聲要「孩子，你要做米龍、不要做米蟲」，卅年後的今天，我們或許能藉由更瞭解在地的、臺南的米糧文化，來欣賞臺灣社會多元的價值。就像是陳其南先生的腳踏車，成為一種緩慢但確實貼近土地的，「衡量或想像臺灣歷史的運具」。

本書以臺南市的市區，尤其是清領時期臺灣府城的範圍為主，講述相關的歷史文化脈絡。在第二章和第三章，我們從整體的府城空間史變化談起，指出在這座城市中，與米糧相關的地方。空間是活存的歷史，並且與當下的生活仍然緊緊鑲嵌。在都市建成環境變遷如此迅速、劇烈的情況下，看見歷史，並且將其與我們自身的生活有所聯繫，這是我們認識自己的社會及土地，並且能建立與其之間聯繫的過程。這也是古都基金會「臺南市舊城區常民生活米糧相關文化資產調查計劃」的初衷之一。我們能真正的走到歷史曾經發生過的空間，並且發現歷史仍然活生生地存在在我們的日常生活中。

在不斷調整本書與《延綿的餐桌：府城米食文化》的架構

時，我們討論到關於府城空間史在本書中的份量和角色的問題。「所謂的空間史，是不是放在其他行業的書裡也都可以？」這真是一個近似於建築設計時，「你設計的這棟建築物，是不是放到其他基地去其實也都可以」，如此核心的問題。在「臺南市舊城區常民生活米糧相關文化資產調查計劃」之後，古都基金會繼續進行了中西藥行、紡織業的調查，反省這些經驗，以及對於府城經濟活動的初步理解，我們發現「米」可能是這百工百業中，一個非常適合用來結合府城空間史的故事。

從鄉間產地進入城市中，首先我們可以看到府城城牆的角色，以及城市、鄉間在經濟活動上下游的分工。當我們看到米作為一種海外貿易商品時，海岸線的不斷西移是地理環境面向上的基調。進一步地，「鹿耳門／安平」與府城的關係，以及與日常生活密切相關的貿易內容其實也都是府城空間結構中較為穩固的部分。清領時期的米街，作為一條同業聚集的街道，其實呈現了大街、五條港之外的另一種故事，尤其是當我們繼續看到日治時期、戰後、乃至今天的情況時。當然，清領時期的街道和城牆，必須和廟境、聯境，以及其背後的民間社群力量脈絡放在一起理解，反映了移民社會的某些色。

日治時期的米街是一條「視而不見」的街道，在我們熟悉的殖民現代化歷史裡，殖民政府的空間計畫和經濟建設疊加了一層新式的紋理和經濟活動在傳統漢人的「社會－空間」上。

現代、理性、科學的調查、統治技術記錄、「看見」了殖民地，但是從米街，我們可以發現，在殖民者目光未及之處，日常生活仍然鮮活地續存在這條街道上。這樣的故事是非常屬於一般居民的，與我們常常讀到的政治經濟史、地方頭人的故事不太一樣。不過，透過這樣的歷史，以及其實就是平常散步便能走到的都市空間，也許這是另一條將我們自身生活鑲嵌在府城歷史文化的取徑。因此，我們認為在「米糧」的書裡多談一些府城空間史應該還算允當，能夠以一個比較完整、全面的視角，來看見地方、歷史，乃至文化。

第四章「米歷史・米粒事」，將系列叢書中，不屬於歷史發展脈絡、空間演變史、相關政策，乃至於與生命禮俗／歲時節慶／宗教祭祀的關係等「大歷史」的小敘事集結成章。寫的是這些如同米粒般大小，看似微不足道，卻又在世代米糧行的經營中傳承，自米糧行出品的日常生活史。

第五章「做米的人」，以位於舊臺灣府城及其周圍的店家為主要對象，欲探討這些存在於舊城區的店家，其開業歷史是否延續日治時期米商、精米工場的發展脈絡。此外，也在米糧生產上下游的產業鏈中，訪問了目前舊臺南市主要的兩間大賣（tuā-bē，大盤商）店家，希望能理解其與上游碾米廠、下游米行間的合作關係。最後，談及米糧的飲食文化，免不了討論位於上下游的最末端，卻又與日常生活緊緊相依的米食小吃，因此做為「番外篇」的存在，挑選了幾間與米行緊密連結的小吃店家，看見「米」在其料理中的位置與重要性。本章雖然是以店家為單位，但提供故事與經驗頭家們，共同呈現出來的從業者態度，才是欲透過一間間米行所看見的核心精神。

第二章

清領及其之前的米所在

第二章、第三章會以簡要的米糧歷史，來介紹臺南市中與米糧相關的空間或地點。空間是歷史層層積淀之處，在作家朱天心的小說《古都》的序文裡，文學研究學者王德威這樣形容朱天心在都市中的行走，那是「歷史成為一種地理，回憶正如考古」。[1]在古都日本京都與友相期不遇，朱天心寫起回憶起她曾是《方舟上的日子》和《擊壤歌》中的小蝦，《學飛的盟盟》中的人類學家母親。回到臺灣、臺北，神來一筆地自我化作日本觀光客，從一個外來者的目光，重新審視這個曾經「並無至親的墳可上」，而在《漫遊者》中終於明白「為什麼會是這裡？但當然就是這裡」的島國都市。[2]

朱天心的《古都》糅合了個人生命記憶與家國都市的歷史，跟隨作者步步切切，身為讀者的我們，確實能在小說中照見自身的生命和生活。

你走過羅斯福路一銀背後的晉江街一四五號，木門上對聯般的寫著：公有土地、禁止占用。第一次，你希望這個政府

1　朱天心，《古都》（臺北：麥田，1997），頁9-32。
2　朱天心，《漫遊者》（臺北：聯合文學，2000），頁90。

繼續保持低落的行政效率，無能無暇處理公產，就讓烏兒和豐沛生長的樟樹大王椰占用下去吧。類此的美麗廢墟還有浦城街二二巷一號和七號（它們共同的隔鄰三號是國大圖書館書庫，但意義上並無不同）、中山北路一段八三巷三十弄五條通華懋飯店的對門，占住者是香樟怪、九重葛精、芒果婆婆……長春路二四九號，雀榕趴在牆頭，桑和大桉杵門前，隔鄰的二五一和二五三倒是被人占住，二五五號的絲瓜正黃花大開，此外尚有臨沂街六三巷十八號斜對門，構樹、榕、麵包樹三國鼎立，謙卑向隅的羅漢松，可以想像種植者寓居南國的曾經一個秋日的心情。

在這本書關於米的所在的這幾個章節，我們也想提供類似的可能性，透過知道、看見空間中的歷史，我們可以將當下的感受，在經驗到

圖 2：古都「常民生活」計畫志工調查的情況。
說明：志工的參與是「常民生活」計畫最重要的部分，透過參與調查，將自己與歷史和空間有所連結。

圖 3：古都「常民生活」計畫志工調查的情況。
說明：透過志工的調查，很多當下生活的真實細節得以被記錄下來。「錢龜」來自「乞龜」的傳統，店家亦製作以米為原料的「米包龜」。

圖 4：「常民生活」的調查對象與老房子的結合。
說明：「老屋欣力」也是由古都基金會指出的城市中值得關注的事情。

其間的令人感嘆的變化時，以及更加令人驚訝的某些事情竟從未變化時，與臺南、府城重重層疊的歷史相連結。

更進一步的，這份米糧歷史是貼近日常生活的，因此更為接近那些我們晨昏日夜裡再平常不過的事情，在石春臼吃過消夜、結帳後就近新美街裡散步、也許有些地名像粗糠崎過去依稀聽過、也許經過一處再利用的古蹟雖然不清楚她名叫什麼，但總之環境頗為乾淨。透過這樣屬於日常生活的歷史和經驗，我們希望，確實也這樣感覺到過，漫無目的地散步在街上，不經意經過某些地方，靈光閃現時，個人的生活片段能和此城幾經更迭的歷史連結在一起，能把個人的小小生命經驗，放進一個更大的整體的故事中，就像我們將調查的店家畫在一張地圖上，看見一個總體的圖像。歷史、知識、故事、經驗和我們在都市中的行走，使得「歷史得以叫停、時間能夠喚回」，如王德威所形容，「歷史不再是線性發展——無論是可逆還是不可逆，循環或是交雜，而是呈斷層、塊狀的存在」。

有朝一日，這些人家巷弄將被也愛臺灣的新朝政府給有效率的收回產權並建成偷工減料的郵政宿舍、海關宿舍、ＸＸ大學教師宿舍、首長官舍……，就如同除了五二巷以外的溫州街曾經的每一條巷弄，屆時你將再無路可走，無回憶可依戀，你何止不再走過而已，你記得一名與你身分相同小說作者這樣寫過，「原來沒有親人死去的地方，是無法叫做故鄉的。」你並不像他如此苛求，你只謙畏的想問，一個不管以何為名（通常是繁榮進步偶或間以希望快樂）不打算保存人們生活痕跡的地方，不就等於一個陌生的城市？一個陌生的城市，何須特別叫人珍視、愛惜、維護、認同……？

我們珍視土地上的歷史與各種地方所在，希望這些關於米糧空間的書寫記錄，能作為幾塊墊腳石或入門磚。

第一節　荷蘭時期在赤嵌地方周邊

當臺灣的信史大約開始於西方的大航海時代，其實也就暗喻了臺灣在全球中的地緣位置，及其所影響的社會經濟史變化。16 世紀末期，荷蘭逐漸成為能與葡萄牙、西班牙競爭的海權國家，成為歐洲國家中在亞洲貿易的主要力量。西元 1602 年，荷蘭的聯合東印度公司（Verenigde Oostindische Compagnie，簡寫 VOC，以下簡稱「東印度公司」）成立，在亞洲，以印尼的巴達維亞為根據地，擴展其貿易對象。西元 1604 年，東印度公司提督韋麻郎（Wybrand van Warwijck）在前往中國途中遭遇暴風，轉抵澎湖，在澎湖開始進行與中國的貿易交涉。當時的明朝政府派出沈有容至澎湖與東印度公司交涉，東印度公司遂退出澎湖。今國定古蹟「澎湖天后宮」中所藏碑文便記載了這段歷史。

西元 1622 年東印度公司再次占領澎湖，在今國定古蹟「馬公風櫃尾荷蘭城堡」，俗稱蛇頭山的小半島處興建貿易據點。這座城堡的木料，來自日本、巴達維亞及廢船。西元 1624 年與明朝在戰爭後達成協議，荷蘭人將搬遷之建材拆運至安平，用以興建熱蘭遮城。於荷人離去之後，僅賸的土垣與濠溝成為往後歷代政府之海防砲臺。這段簡要的歷史告訴我們，臺灣因其地緣關係，在歷史中自始處在一個勢力、商品往來頻繁的海洋交通貿易網絡中。在本系列套書中另一本《延綿的餐桌：府城米食文化》裡，以米糧的貿易為例，我們也呈現了這個網絡的其中一些面貌。

西元 1624 年後，東印度公司有計畫地鼓勵漢人移墾，透過飼養耕牛、協墾制（結首制）、給予農具及種籽、修築埤圳等等有計畫的行動，結構性地鼓勵了移民來臺，推測有十萬之數。當時臺灣農產物以稻和甘蔗為主。[3] 在今天的臺南地區，東印度公司興建了熱蘭遮城（Zeelandia）和普羅民遮城（Provintia），兩座城堡隔台江內海相望。在兩座城堡周邊，東印度公司周邊都有市街出現。其中，普羅民遮城所在的赤崁地方，先於西元 1625 年出現街道，主要是漢人、日人主要聚

3 奧田彧、陳茂詩、三浦敦史，〈荷領時代之臺灣農業〉，《臺灣經濟史初集》（臺北：臺灣銀行經濟研究室，1952），頁 38-53。西元 1626 年，當時以菲律賓呂宋為據點的西班牙人繪製了〈西班牙人繪製艾爾摩沙島荷蘭港口圖〉（Descripción del Puerto de los olandeses en Ysla Hermosa）。其中新港附近有牧牛，或可視為放牧的一例。

集。西元 1626 年時該些市街一度因為疫疾而見棄，不過隔年漢人又回到此處。西元 1652 年東印度公司在市街北方規劃普羅民遮城（圖 5）。

普羅民遮城所載的赤崁地方，可以看出是荷蘭時期的一個米糧集散的重要節點。在西元 1640 年代，在赤崁附近由漢人開墾的田地，以及原住民大目降社、目加溜灣社、蕭壠社、蔴荳社的稻米收成都已經相當可觀。[4] 西元 1647 年時赤崁附近開墾土地據統計有 4,056.5 Morgen，西元 1656 年則有 8,403.2

圖 5：栗山俊一推測的普羅民遮城堡立面圖。（圖片來源：栗山俊一，〈安平城址と赤崁樓に就て〉《續臺灣文化史説》（臺北，臺灣文化三百年紀念會：1937），附圖。）

4　大目降社在今天的新化區、目加溜灣社在善化區、蕭壠社在佳里區、蔴荳社在麻豆區。

Morgen。[5] 當時，漢人將收穫物以肩挑或牛車運送到赤嵌城外的市場交易，換取現金，荷蘭人以臺南為據點與中國和日本貿易。[6] 在這裡，我們看到扼守鯤鯓與水道的熱蘭遮城、商品集散的普羅民遮城，以及兩城相隔的台江內海之間有一種「地理—經濟」的關係，這種結構一直延續到清領時期的府城和鹿耳門／安平，乃至日治時期的臺南市和安平港／打狗港。

赤嵌樓的「赤嵌夕照」在清代素為「臺灣八景」之一，「赤崁高淩夕照紫」從荷治始築普羅民遮城，至清代歷經傾頹、修建大士殿、海神廟、蓬壺書院、文昌閣、五子祠等建築。除了建物本身的變遷外，赤嵌樓附近的地形也有了極大的變遷。原本赤嵌樓逼臨的海岸線因為台江內海浮覆，水域陸化而西移。這段地形變遷，與接下來要談到，清領時期臺灣府城與米有關的地點有關。

第二節　清領時期的城牆、街道、港口

在經過了臺灣的米主要供島內食用的明鄭時期後，清領時期臺灣米再度成為與其他地區交易運輸的糧食或商品。在《延

5　1 Morgen 推測是 8，516 平方公尺，即 0.8516 公頃。

6　曹永和，〈鄭氏時代之臺灣墾殖〉，《臺灣經濟史初集》（臺北：臺灣銀行經濟研究室，1952），頁 70-85。

綿的餐桌：府城米食文化》一書中我們也已經透過相關研究呈現了這個運輸交易的過程。像是謝美娥（2008）透過比較漳州府、泉州府與臺灣的米價，指出清代臺灣稻米與中國東南沿海省分的稻米供需的相互連動，[7] 或是像清康熙 31 年（1692）至清康熙 34 年（1695）之間當時的分巡任臺廈兵備道的高拱乾告示「嚴禁插蔗」，說是「數萬軍民需米正多，則兩隔大洋，告糴無門，縱向內地舟運，動經數月，誰能懸釜以待？是爾民向以種蔗自利者，不幾以缺穀自禍矣。當臺灣稻米必須被納入更大區域的糧食供需之中，「蔗稻競作」就成為官方必須管制的事情了。在清代的府城裡，首先要介紹的就是與海岸線變遷有關，以及米作為商品時，與運輸往來相關的大井頭和鎮渡頭。

一、大井頭和鎮渡頭

清領時期大致上府城作為地方貿易和對外貿易的據點，其中城內的六條街區是地方貿易集中的區域，這會在後文談到。五條港區則是對外貿易發生的地方，不過在五條港區之外，還需要看到府城與其外港，也就是鹿耳門／安平的關係。依據歷史學者謝美娥（2016）的看法，鹿耳門／安平在清代既是臺灣

7　謝美娥，《清代臺灣米價研究》（臺北：稻鄉出版社，2008），頁 111-114。

對外貿易，同時也是島內各港之間區域貿易的重要港口。鹿耳門／安平距府城較遠，本書主要介紹的是在府城城內的大井頭和鎮渡頭。[8]

安平和府城之間的陸路要到 19 世紀初期才出現，清康熙 36 年（1697）郁永河進入臺灣的行程是「望鹿耳門……又迂迴二三十里，至安平城下，復橫渡至赤崁樓，日已晡矣。……二十五日，買小舟登岸，近岸水亦淺，小舟復不近，易牛車，從淺水中牽挽達岸，詣台邑二尹蔣君所下榻。」從安平過台江內海需更換小舟，從安平鎮渡對渡府城的大井頭，靠近大井頭時水淺，再換牛車登岸。

大井頭地點在今臺南市中西區民權路二段 225 號前，1965 年民權路拓寬、拆除井欄並加上井蓋，成為今天的情況。大井頭於 1999 年 11 月 19 日依《文化資產保存法》公告為直轄市定古蹟。真正開鑿的年代不詳，相傳荷蘭人構築赤嵌樓時，怕有火患而鑿此井備水。

從 16 世紀至 19 世紀，台江內海經歷了一段浮覆地過程，海岸線逐漸西推，內海消失。從赤嵌樓、大井頭、接官亭鎮渡頭以及海岸線的推測位置，可以看到這個地理環境劇烈變化的過程。這個過程直接導致了要登陸府城的小舟上岸處，從大井

8　謝美娥，〈清代開港前安平的經濟發展〉，《承先啟後——王業鍵院士紀念論文集》（臺灣：萬卷樓，2016），全文。

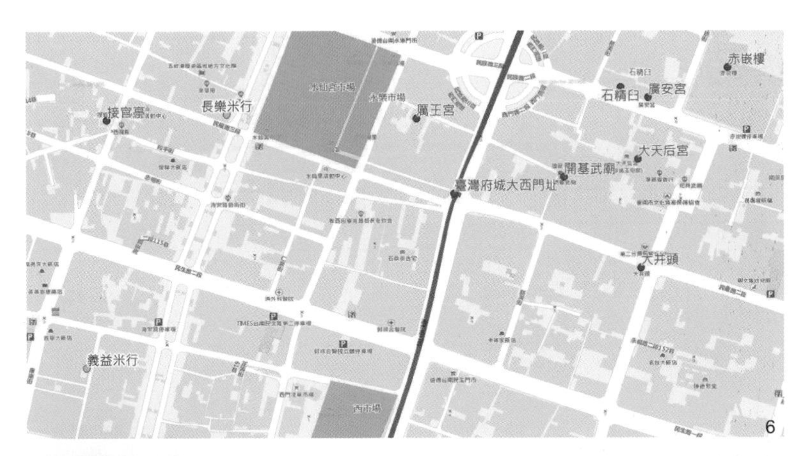

圖 6：大井頭與接官亭位置。（圖片來源：作者繪製。）
說明：深藍色是臺灣府城城牆推測位置，這張圖也繪出附近的相關地點、米店。

圖 7：大井頭。

圖 8：大井頭向西望。

說明：仍能看到地勢向西而下。市區內，尤其是巷弄裡，昔日小丘地形仍很明顯。

圖 9：接官亭。

圖 10：南勢街西羅殿。
說明：與接官亭、風神廟鄰近，位在昔南河港附近。

頭西移至接官亭鎮渡頭的情況（圖 6 至圖 10）。其中，米街（今新美街）、西門路（清領時期城牆位置）推測都曾是海岸線，這可以從河港的遺跡而有所佐證。

臺灣與中國有寬闊的臺灣海峽遙隔，來往交通不便。清領時期任職官員發派臺灣各地大都由陸路先抵廈門，再轉海運到達鹿耳門。鹿耳門轉渡河運進入府城。台江淤塞，海退成陸以後，渡頭西移至安瀾橋邊的「鎮渡頭」，渡頭附近為使長途跋涉的官員有賓至如歸的感覺，或回任官員等候船班，在渡頭附近多設有接官亭，用來迎送酬接文武官員。

今為直轄市定古蹟的「接官亭」是在 1985 年 8 月 19 日公

告，位在中西區民權路 3 段 143 巷 7 號前，也就是風神廟的廟埕之前。清乾隆 4 年（1739）臺灣道鄂善倡於南河港右側、安瀾橋旁建風神廟與接官亭，以利舟楫、迎送來臺仕宦官員。歷史學者陳冠妃（2016）在論及 2016 年 206 地震後風神廟碑亭之修復議題時曾提及，清領時期的「聖旨」，也是在接官亭處接旨，此後才穿過城門，象徵進入臺灣府城。[9] 陳冠妃進一步談到風神廟與接官亭的關係，兩者實是一體之兩面，風神廟是由官員維護、定時祭拜的官廟，同時是官方祈雨的場所之一。

清乾隆 42 年（1777）臺灣知府蔣元樞重修風神廟，新建石坊於碼頭之上，坊前砌以石階，以便登舟上岸；竣工後，蔣氏撰圖文勒石以記。從圖碑可見接官亭以及風神廟、官廳、公廨等建築格局。陳冠妃細述了蔣元樞對於接官亭風神廟的重新規劃，包括興建公館、修築石階、矗立石坊、以及興建碑亭。在今天南門公園的大南門碑林裡的「風神廟接官亭暨石坊圖碑」，就是放置在碑亭中，並在日昭和 10 年（1935）年臺灣總督府舉行「始政四十周年記念臺灣博覽會」期間，從風神廟被移到大南門碑林（圖 11），並在 2015 年 5 月 11 日依《文化資產保存法》公告為一般古物。

謝美娥（2008）推估清代臺灣米的出口以 18 世紀中期最

9　陳冠妃，〈從碑亭到鐘鼓樓—談臺南接官亭風神廟石亭的「修復」問題〉，《歷史臺灣》10（臺南，國立臺灣歷史博物館，2016），頁 225-235。

圖 11：大南門碑林。

盛，出口規模可達 100 萬石米。[10] 這些運輸「南北路各廳所產米穀，必從鄉車運至沿海港口，再用舟彭仔、杉板等小船，由沿邊海面，運送至郡治鹿耳門內，方能配裝橫洋大船，轉運至廈，此即台地所需之小船、車工、運腳。不特官運米穀為然，即民間貨物、米穀，亦復如此轉運。」透過米的運銷，我們可以看到地理如何影響了臺廈之間的海外交通貿易、臺灣西部海岸各港口之間的島內區域貿易、以及從大井頭和鎮渡頭可以看到的，府城城市空間因應地理條件的變遷。

10 謝美娥，《清代臺灣米價研究》（臺北：稻鄉出版社，2008），頁 111-114。

二、城垣、車埕、市集

前面談到的是從府城到海外的貿易情況、海岸線的推移，以及相關的地點，接下來則是從鄉間產地進入到府城中，會在城門附近出現的牛車路、車埕和市集。

府城的城市空間層層疊疊，累加了各種時期的痕跡和歷史。其中，清領時期的城垣和街道可以說至今仍然是府城生活的基底。府城的城垣，在 2019 年的現在依《文化資產保存法》公告具文資身分的有「臺灣府城城垣小東門段殘蹟」、「臺灣府城大東門」、「臺灣府城大南門」、「臺灣府城城垣南門段殘蹟」、「臺灣府城巽方砲臺（巽方靖鎮）」[11]、「兌悅門」[12]、「原臺灣府城東門段城垣殘蹟」[13] 等處（圖 12）。

清領時期稻米的種植主要便在城外進行，再由牛車運進城內。在〈臺南府城街道全圖〉（圖 13）上，就可以看到牛車路和車埕。在這裡城門、牛車路、車埕以及市集有著鄰近的空間位相關係。其實這樣的模式至今仍非鮮見。遠道而來的商販或是要到城市中交易、購物的人，趕早來到市區，在交通要道附近，自然形成集市。因此可以看到，牛車路、車埕、市集多

11 以上為 1985 年 11 月 27 日公布為直轄市定古蹟。

12 1985 年 11 月 27 日公布為國定古蹟。

13 2003 年 9 月 22 日公布為直轄市定古蹟。大部分與臺灣府城城垣有關的文化資產都是在 1985 年便已公布。不過，臺灣府城城垣應可視為一個完整的建築物，俾更為完整地理解與城牆有關的府城空間史。

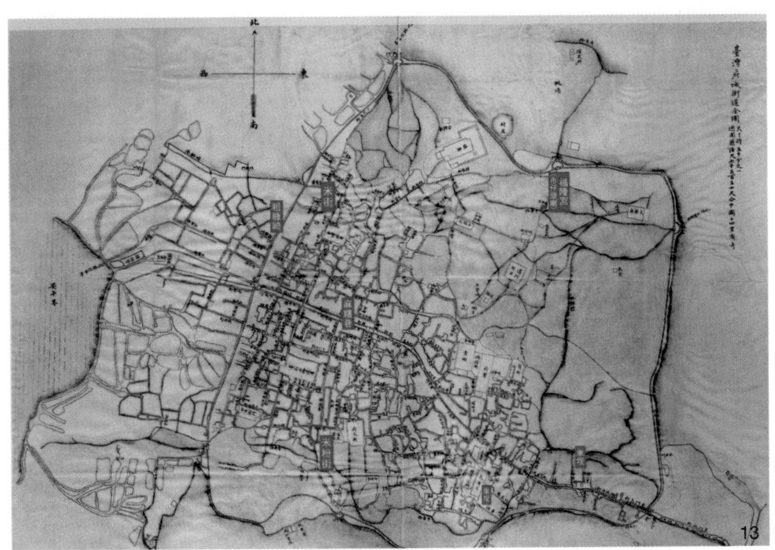

圖 12：臺灣府城城牆殘蹟等相關文化資產分布位置。（圖片來源：作者繪製。）
說明：深藍色是臺灣府城城牆推測位置。

圖 13：與米相關的地名。
說明：文字為本書所加。

有靠近城門的情況。「臺灣府城南門段殘蹟」是府城城牆中保存較好的區段，走在樹林街上，頗能從地勢與其規模來想像當年城牆之興築，確實分隔了城內城外（圖 14、圖 15）。

圖 14：臺灣府城城垣南門段殘蹟。

圖 15：臺灣府城城垣南門段殘蹟。

如圖 13，在右下角的小南門、大東門（圖 16）附近，就都有繪出車埕。清代運輸工具不發達，載運物品多半使用牛車。車埕就是牛車運輸米粟五穀來此聚集交易的場所。事實上，日治時代漢人仍多以牛車載貨，直到日治後期公路發達後，車埕的功能才告萎縮。另外，在圖 13 右上大北門內的福隆宮也是米穀買賣的地點。清領時期經大北門運入的貨物以米穀為主，所以福隆宮前庭，即廟口位置，成為米市。而福隆宮就有市仔頭廟之稱。從福隆宮延伸出去的街市，就叫做「米市街」。

根據《臺南市市區史蹟調查報告書》：「市集發生多在入市交通要衝的邊緣曠地，係暫時露天式定期交易的場所，初期恪守週期性，至後來，因其所具備位置之方便性，乃發展成常設市場。」[14] 比對地名辭書所提及之「米市街」、「豆仔市」、「車埕」等古地名，可知作物自產地被人力挑運、牛車運送進城後，將由牛車路至鄰近的廟埕、車埕等空地進行販售，逐漸成為固定集市。《臺南市市區史蹟調查報告書》所記載之「露天式攤販市場」便有大東門（五穀）、小北門（五穀、豆子）、大北門（宋穀）[15]，而地名辭書亦提及了「米市街」的形成，

14　洪敏麟，《臺南市市區史蹟調查報告書》（南投：臺灣省文獻委員會，1975），頁 30。
15　洪敏麟，《臺南市市區史蹟調查報告書》，頁 30。（南投：臺灣省文獻委員會，1975）

圖 16：臺灣府城大東門。

來自大小北門外所產的米穀，被挑運至廟埕廣場販賣之故。將上述所提及之古地名進行點位，則可發現涉及流通販售的場所，皆位於早期的城牆邊緣。

三、臺灣府城城垣與街道：一個經濟面向的理解

上述簡要談到了府城與海外貿易、府城與鄉間產地這兩段流程中的一些空間，城牆在空間上，既要將城內與城外區隔開來，但也是人流、物流的管制節點。在「臺灣府城城垣小東門段殘蹟」附近的小西門（圖 17 －圖 19）和「臺灣府城大東門」大東門內，都有石碑告示守城士兵不得向往來商民勒索（圖 20）。像是清道光 2 年（1822）官府公布的「嚴禁汛兵藉端勒

圖 17：臺灣府城城垣小東門段殘蹟。

圖 18：「臺灣府城城垣小東門段殘蹟」及附近的小西門。
說明：由西門路原址搬遷而來的小西門，現在成為校園內外的通道。

圖 19：小西門與附近的「原日軍臺灣步兵第二聯隊營舍」。

圖 20：告示守城士兵不得勒索之碑。

索縱馬害禾碑記」，就談到「城門惡兵遇有車運糞土、五穀、糖、米、牛隻以及□□□□□□□藤、鍋鼎、棕衣、農具、鐵器等物出入城門，案件勒索費錢」，此外，惡兵也常藉口割草或打柴而結伴騎馬出城，但其實是去破壞稻苗、地瓜、五穀花生各種作物，甚至是木欄等與人民維生有關的東西。

在府城城牆的興築過程中，可以看到城牆不僅只是單方面朝廷和地方官之間的奏摺往來所形成的建設，府城城牆從不築城、木柵城、莿竹、三合土，乃至路線、城門修築等等變化，其實與臺灣社會的亂治與否密切相關。而且，更重要的是城牆，及其所防守的街道，反映的是府城社會經濟活動的累積。我們可以看到五條港的郊商、城內的仕紳在築城這件事上的明顯身影。透過米糧，我們可以看到這個「城牆修築—民間動亂—街道發展」相互關係中的一個具體的表現。這也是為什麼本書將城牆放在與日常生活有關的這個部分，而非前述的官方建設，因為在米糧這件事上面我們所看到的是城牆興築中與常民生活有關的面向。

（一）城牆興築與民間動亂

城牆本為保衛城內百姓身家，清廷於清康熙 23 年（1684）納臺灣入版圖，但面對「三年一小反、五年一大亂」的臺灣，屢屢駁斥地方興築城牆的要求。清康熙 60 年（1721）朱一貴舉事，事件之後最重要的就是藍鼎元的築城構想，他設計城牆路線，先建議以三合土，後建議以莿竹築城，並且提出了一種不費公款、不必捐款的方法，由犯罪但罪狀輕微的人，在判定應受責罰的杖數之後，「每一板准種竹五株自贖」，認為「守令俱如此，不半年城可成也。……如力有未及，植木柵暫蔽內外，立可守禦。若有餘力，更於竹城外夾三五丈，另植莿桐一週，廣尺密布，又當一重木城」。不過藍鼎元的構想並未得到許可。

府城的城垣興築，要到領臺 40 年後，清雍正 3 年（1725）臺灣知縣周鍾瑄始得築木柵城。其後，清雍正 11 年（1733）在木柵城週邊種植莿竹、增建砲台、並且延長了木柵城的長度。清乾隆元年（1736）把既有的七座城門改為石材、清乾隆 40年（1775）臺灣知府蔣元樞大修木柵城，並且新建小西門（圖 21 －圖 23）。

領臺前 40 年清廷「不築城」的政策，據石萬壽（1985）分析，主要理由有三，包括「地質多浮沙，又多地震」、「建城石材不易取得」、「經費不足」。該些因素確實影響了府城城垣的修築，不過石萬壽教授也指出，清廷的不築城，更深刻的原因是其政治統治意圖，對臺灣仍抱持著「易失易復」的想

圖 21：臺灣府城大南門。

圖 22：臺灣府城大南門西側城牆原址。
說明：種植竹子呈現城牆原址及莿竹城意象。

圖 23：臺灣府城大南門東側城牆原址。
說明：以鋪面及石砌平臺呈現城牆原址。

法，為防臺而治臺，而非為理臺而治臺。[16] 從上述觀點可以看到，府城城牆的修築，與抵抗清廷統治的勢力是一體兩面之事。

清乾隆 51 年（1786）的林爽文事件規模浩大，清廷調派兵員地區廣大和人數眾多，遠超過朱一貴之役。這次戰役之後，府城築城的政策又有一大轉變。事件之後，欽差大學士嘉

16 石萬壽，《台南府城防務的研究》（臺南：作者自印，1985），頁 2-52。

勇侯福康安在乾隆朝的支持下，提出了興建三合土城牆的想法。在這次興築裡，還移建了大西門和小西門，並加高其他6座城門的高度。

以福康安所提出的三合土城牆興建構想為例，一來固然是乾隆朝對於臺灣的治裡防禦政策轉變，「（臺灣）久成郡縣，與內地無異，而城圍尚沿用竹木編插，不足以垂久遠。……朕意，與其失之復取，既煩我兵力，又駭眾聽聞，何如有城可守而勿失」，又說「郡城為全臺根本，即應速建城垣，以資保障」。但另一方面，從福康安的上書，可以看到其實在築城的過程裡，實際建築時的經濟因素，也就是預算、工資、材料經費等及來源等等細節，也是考量重點之一。福康安實地探勘之後，設計了三合土城牆的路線，並說明：

臣等公同商酌，再四思維，勘得小西門至小北門有南北橫街一道，遠距海岸計一百五十八丈餘尺；因其形勢曲折，與修較舊址可收減一百五十二丈餘尺，足稱完繕。但查該處土性浮鬆，若用磚石成砌，必須下釘樁木，再立根腳，未免過費。況石料產自內山，距城窵遠，拉運維艱，舟行又溪河淺狹，均不能運載。至磚塊一項，原無難設窯燒造，但以河土燒磚，究屬易於酥□，且柴價昂貴，殊費經營。是一切物料，自應照臺灣則例，悉在內地購辦。今按例核算，用磚成砌約需銀二十八萬六千五百餘兩，已屬帑費繁多。若用石成砌，更為浩大。今竟築土城，城身通高一丈八尺為率，頂寬一丈五尺，底寬二丈；舊有城台七座，上截一律加高八、九尺不等；新添西門券台一座，添築排牆、鋪墁、海墁；並添建城樓八座、卡房十六座、看守房八座，以壯觀瞻，而嚴防守。共計照例辦買土方、工匠等價約需銀十二萬四千六十餘兩，殊覺事易而功倍。

福康安建議的城牆路線固然有其經濟預算上的考量商榷，但是，在這裡可以看到除了朝廷的經費考量之外，第二重的經濟面向意涵。城牆一方面與民間的反抗力量消長有關，但同時也與臺灣社會的經濟積累有關。社會經濟積累到了一定程度，地方對於築城守衛身家安全有更迫切的需求。但是此次的三合土城牆並未將府城的五條港區劃入城內。從城牆並未防守五條港區一事，可以看出這次的城牆興築雖然有朝廷的支持，地方官員鳩工，但是仍然與真實的府城社會經濟狀況不能完全配合。

（二）五條港區和三郊

石萬壽教授（1985）指出，三合土城牆必須一次築成，如果以新合舊，在舊三合土城牆旁新築的三合土城牆兩者不易膠黏，容易成為崩毀的弱點。可是當時府城對外貿易的中心就在五條港區，建城之後反而將五條港區劃到城外，「一遇戰亂，尤其是海寇之亂，五條港區即成為首遭兵烽的地區，若不幸失陷，則府城亦難有鬪志」。在清嘉慶 10 年（1805）的蔡牽事件和清道光 12 年（1832）的張丙事件之後，府城才又添建了東、西外城，並針對其中 5 座城門增建月城（甕城、圖 24）。

蔡牽是除了西方勢力之外，唯一從海上威脅府城的勢力。在蔡牽事件中，郊商和聯境組織做為府城民防的力量，逐漸興起。在府城，郊商以「三郊」為主，是大型對外貿易商集團，

圖 24：小東門甕城址。
說明：位在大學路和小東路之間的勝利路上，國立成功大學以鋪面呈現出地底下的甕城位置。

包括經營南北貨進出口的南、北郊，以及經營食糖進出口的糖郊。三郊從乾隆年間就持續以盈餘捐助公益事務，例如造橋、鋪路、修廟等等，這些歷史仍然可以在碑銘上看到。在前述的林爽文事件中，郊商捐款資助義民的五色旗，成為官方以外的另外一支防禦力量。當蔡牽事件時，事件的重點就在郊商生意所在的五條港區，郊商遂出錢出力，組織義民、籌謀防禦。五色旗是由五條港區的碼頭工人所組成，在蔡牽事件中稱三郊旗。自此之後，府城的防禦多由郊商籌畫負責，官吏和其軍隊綠營反而成為協助監督角色。在這裡，也可以看到臺灣、府城社會民間力量相對來說是頗為厚實，且較統治當局更能因應現實情勢的。

吳秉聲（1997）在關於五條港的空間變遷中對於這個區域在地理、社會經濟、社群組織等面向的交相影響有詳細的理解。[17] 五條港是一個基於府城地理上海岸線不斷西移，沙岸堆積的情況而成形的區域。在這個河港分流入海的地理情勢上，不同姓氏的苦力分據分擔不同河港碼頭的搬運業務，例如來自泉州晉江安海前埔和泉州晉江石獅大崙的兩股蔡姓在佛頭港、來自泉州晉江的許姓在南勢港、來自泉州石湖的郭氏在南河港。這些苦力形成混合了血緣、業緣，甚至可以說是地緣的團

17 吳秉聲，《府城（臺南）五條港聚落空間的歷史變遷》（臺南：國立成功大學建築學系，1997）。

體。而這些團體，又被郊商所統整，其結果就是上述說的三郊旗。三郊及三郊旗的出現，象徵了一個移民社會的整合與再整合。

所謂的整合與再整合，也包括了宗教的面向，也就是後來三郊與府城廟宇之間的聯境守城制度。在咸豐年間之後，由於前述地理環境的關係，府城的海岸線持續西移，郊商花費大筆經費在疏濬河道上。再到清咸豐 10 年（1860）開港通商後外國勢力進入，郊商在進出口對外貿易上又須與其抗衡，因此在接下來要談到的聯境守城制度執行時，三郊已經改居於後勤的角色。不過，在由木柵而莿竹、增植有毒的灌木綠珊瑚再到三合土牆的築城過程中，身為對社會秩序與經濟安定有著最迫切需要的商人，其推動城牆興築的身影相當明顯。府城城牆的建立，民間出力之深，正可謂「眾志成城」，同時也可以作為府城經濟已發展到相當程度的例證。[18] 從不築城到城牆不斷增改建、從將五條港區隔在城牆外，再到另築外牆的過程中，可以看到的是官方的政治統治意向，並對照著相對積極的民間經濟活力。

18 吳秉聲，《幻景：殖民時期臺灣都市空間轉化意涵之研究：以臺南及臺北為對象（1895 - 1945）》（臺南：國立成功大學建築學系，2007）。

（三）聯境組織

同樣據石萬壽教授（1985）指出，府城的「境」，廟宇收丁口錢的範圍，也就是所謂的「祭祀圈」，始於林爽文事件，楊廷理於街巷立柵時。不過從境到聯境，石萬壽教授認為要到清道光 5 年（1825），臺灣實行清莊連甲辦法時才開始變化。[19] 至於聯境的正式成立，則在清道光 20 年（1840）的鴉片戰爭。當時府城的營兵、義勇被調往他處，導致城內防守空虛。因此署巡道洪毓琛劃分城內為五段、西城外為三段，各段設總簽首一到兩人，各街境設簽首一人。根據他的親身採訪，在這個分段制度上列出了十個聯境，他指出這些聯境的組成不全是由官方劃定，而是有著地理環境、境民之間的感情、利害關係等因素。

除了聯境有總簽首外，三郊也設置了三名大簽首。不過此時郊商的影響力大體侷限在五條港區及大西門，城內僅及於大天后宮、義民祠等地，且如前述，主要擔任後勤、支援人力財力的角色。府城內的地方治安和公眾利益，則常由城內耆老仕紳，以單境或聯合數境街眾、自訂章程的方式來加以維持。比方清道光 21 年（1841），武廟所轄的六條街眾，就會同了禾寮港街、首二三四境的街紳共同訂立防火章程，同樣刻碑為

19　石萬壽，《台南府城防務的研究》，頁 98-102。

記，今天存在南門公園的碑林中。實務上，個廟境的大小不一，如武廟轄有當時最熱鬧的武廟街、武館街、大井頭街、下橫街、竹仔街、帽仔街等六條街。但像是赤嵌樓土地廟就只轄一條赤嵌樓南邊的粉店街。

清同治5年（1866），閩浙總左宗棠正式下令設置保甲局，府城此時東段的大人廟、南段的保和宮、西段的開山宮、北段的縣城隍廟成為各段保甲局所在地，中段的保甲局設於大上帝公廟旁的天公廟，城外則是四安、七合、三協等三聯境合設於看西街。至此，府城城防完全落在聯境組織上。

臺灣的建築史學者在研究聚落時，曾提出理解傳統聚落的「擇址的生態面向、維生的社會經濟面向、鄉治組織的政治社會面向、宗教活動組織面向」。在上述關於城牆興築和府城防禦的歷史中，我們同樣能看到這四個面向。首先，最深遠的總是地理環境的影響，台江內海與普羅民遮城和熱蘭遮城攸關。而海岸線逐漸西移、五條港區成為海外貿易中心、台江內海終於浮覆，都關連到城牆的路線、鄉治組織三郊的興起與沒落、以及和宗教面向有關的聯境組織的成形。

（四）以十字大街為主的街道網絡

在社會經濟面向上，我們看到朝廷在財源籌措上固然理性計較，但地方社會本身民間的力量，也許角色要比所謂正史中看到的更為重要。與中國城市的城牆所具有的政治統治意義不盡相同，府城的城牆或能反映更多城市的社會經濟本質。

府城城垣中城門的位置，並非依中國傳統經緯安排來擇址，而是順應著先形成的街道再決定其位置。這些被城牆所圍住的街道區域，更能表現城市的經濟表現。前述五條港區因其河港海運之利，成為進出口貿易業務的行郊聚集之地。至於貨物由城內至腹地的集散，則發生在以大街為主的街市中。清代臺灣府城的街道數量，如清康熙 23 年（1684）《康熙福建通志臺灣府》記載 11 條街道，清康熙 59 年（1720）《臺灣縣志》27 條街道、清乾隆 17 年（1752）《重修臺灣縣志》52 條街道，乃至清嘉慶 12 年（1807）《續修臺灣縣志》記載了 102 條街道（圖 25）。

更重要的是許多街道出現了同業聚集的現象。東西向連接五條港區及大東門的「大街」，甚至因其規模擴張，「以一析三」、「逐段細分」，成為一條由相互平行的武館街、竹仔街、鞋街、帽街、花街所組成的街道。[20] 城牆與街道的興築發展，均說明這座城市的空間變遷，是以經濟面向為主要因素。或者說臺灣府城的空間變遷，反映出城市的經濟本質。本文所要談的米街，就是在這樣的背景下發展而成。

20 柯俊成，《臺南府城大街空間變遷之研究（1624-1945）》（臺南：國立成功大學建築學系，1998）。

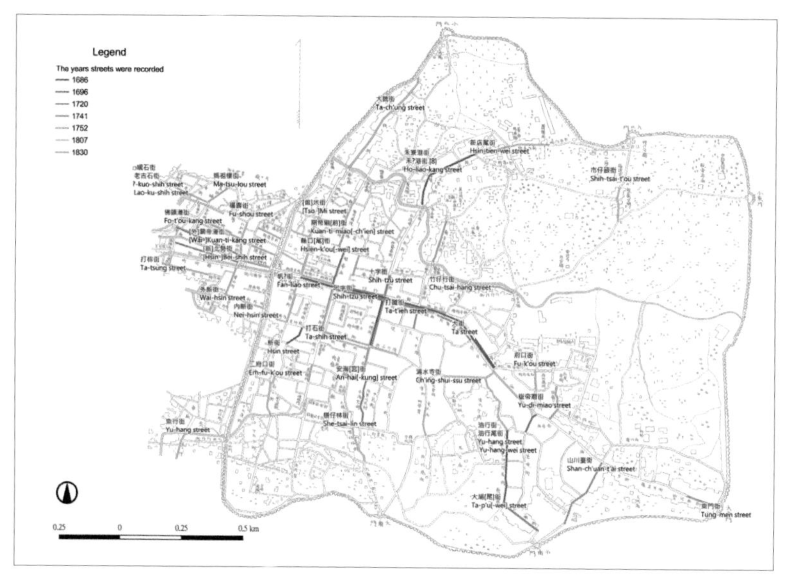

圖 25：清領時期方志記載的街道位置。
來源：鄭安佑，《視而後現—臺南市「社會經濟—都市空間」變遷（1895-1945）》（臺南：國立成功大學建築學系，2018），頁 69。

四、米街、石舂臼、栗埕

前述談及了清領時期與官方有關的城市空間或設施，但更為生意盎然的，是發生在市街、街道上的常民生活。在這些歷史事實裡，我們可以體會社會文化環境的變遷、以及某種日常生活本質的不變，以及這些變化和未變所層層累積之空間所在。

米街一名，由米店聚集而來。據《臺灣地名辭書－臺南市》記載，米街是「米舖商店雲集的街道。[21] 昔日米街普渡時節，

21　施添福編，《臺灣地名辭書卷廿一－臺南市》（臺北：臺灣省文獻委員會，2001），頁 99。

竹篾架設布幔，密可蔽日，謂之『不見天』。食米在製作過程，必須有其工具及曬晾場所，因此，米街附近即出現石舂臼及粟埕等地名。」（施添福，2001；圖 26 －圖 33）據同書記載：

石舂臼（石精臼）

石臼為舂米的用具，可以搗去稻穀的穀皮。米街附近群置有這些舂米的器具，地以器具為名，稱之為石舂臼。地址在現今廣安宮附近，廟常有石舂臼小吃，頗負盛名。

圖 26：新美街的原米街路段。
說明：大約在 2012 年之後，新美街上陸續出現新的店家，如今呈現了新舊並陳的街貌。

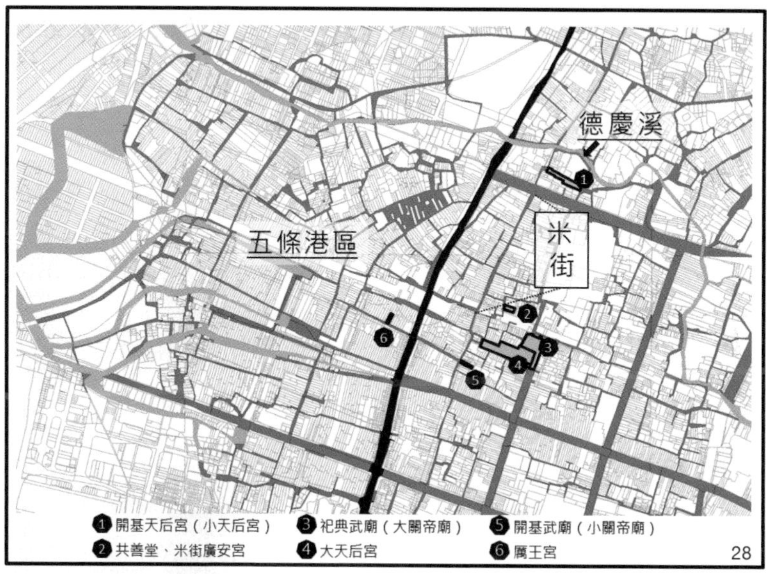

圖 27：米街廣安宮與石精臼點心城。

說明：米街是廣安宮的廟境，原廣安宮在現址後方。府城小吃一事，大概是舊城居民日常生活中絕不會消失的一部分。

圖 28：米街周邊地形地物。（資料來源：鄭安佑、吳秉聲、徐明福，〈「指向現代經濟」的都市空間變遷一從米街（今臺南市新美街）談起〉《論文集》（臺中：2014 臺灣建築史論壇，2014），頁 249。）

說明：此圖上方為北。黑色線條為城牆，西側即五條港區，淺灰色塊標出水道。深灰色塊標出道路，其中開基武廟前巷道原稱關帝廳港，後經淤塞成為街道，港口則移至厲王宮外，稱外關帝港。

粟埕

遺址在西門路二段372巷8弄東側，為一片晾曬米穀的場所，其東鄰即為米街。

石臼舂米、粟埕曬米，都是與米穀加工相關的活動。關於米街記載見於清康熙51年（1712）周元文《重修臺灣府志》，米店的出現當比此更早，唯至遲在此時已經聚集成街。「臺地石少」，一般多用木礱、土礱，石舂臼此一地名間接說明了米街上聚集的礱米業是相對具有資本的商家。而米街作為南北運輸街道的重要性，則從清雍正3年（1725）小北門連通米街、經小媽祖街、大銃街通往府城北方洲仔尾、鄭子寮一帶的道路上得見。

作為一條南北向的街道，米街的位置除了北接城外腹地，還可以從河港轉運及宗教兩方面來說明。如前所述，清領時期五條港是府城對外貿易的重鎮，在初期海岸線尚未因颱風或洪泛而進夷，並導致港口淤積以前，幾條東西向的河港堪稱是府城貿易功能的命脈。而米街，即聯絡了清領初期的兩個重要港口，德慶溪禾寮港與關帝港。甚至，不僅是河港，米街也聯絡了位於禾寮港與關帝港邊的開基天后宮（小天后宮）與開基武廟（小關帝廟）。米街上另外尚有版印及線香金紙等行業聚集，也是受此影響。相對於官方主祭的大天后宮和祀典武廟，這條

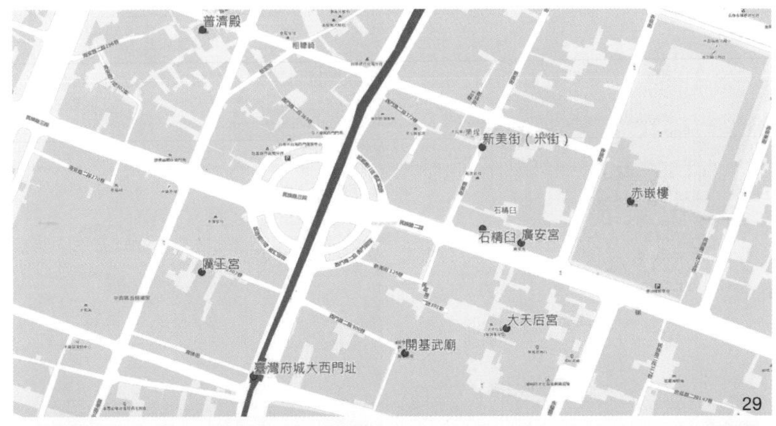

圖 29：米街與周邊相關地點。（圖片來源：作者繪製。）
說明：深藍色是臺灣府城城牆推測位置，這張圖也繪出附近的相關地點、米店。

圖 30：新美街的原米街路段。

圖 31：廣安宮緣籤。
說明：緣籤是居民對於信仰的一種表現。

圖 32：關帝港。
說明：開基武廟前巷道原稱關帝廳港，後經淤塞成為街道，港口則移至厲王宮外，稱外關帝港。

圖 33：往外關帝港厲王宮巷道。
說明：與開基武廟前的巷道隔著西門路。

街道聯絡的是在先民草萊初闢時建立的開基廟，這也表現米街在府城空間變遷過程中所養育的歷史土壤厚度。

五、頂粗糠崎和下粗糠崎

在石舂臼碾製後的穀皮，則運到城外的粗糠崎去。同樣在《臺灣地名辭書－臺南市》記載：[22]

即原呈東北－西南向的慈聖街，而以聖君廟街（西門路二段381巷）為界，以北稱頂粗糠崎，以南稱下粗糠崎。由於此地相當接近昔日之米街（新美街），人們常將碾米後剩餘之穀殼棄置於此，且此地正位於西門城邊，除了與城內有一高度上之落差外，地勢亦較低濕，因而得名，唯平時里民多將其念成「頂衛崎」。

粗糠崎是普濟殿廟境的七個角頭之一。清領時期，普濟殿位於臺灣府城城外西北方，到了日治時期，同樣位在都市計畫的邊緣。遠離城市中心的區位，造成了普濟殿所具有的，介於「城市」與「草地」之間的性格。在普濟殿的廟境內，雖然都市計畫道路通過，但是和新美一樣，仍然保留了相當的傳統漢

22　施添福編，《臺灣地名辭書卷廿一－臺南市》（臺北：臺灣省文獻委員會，2001），頁194。

人聚落紋理。

在這些傳統紋理裡，有著與現代路名截然不同的指涉空間的方式。對久居在此地的居民而言，角頭和廟境的界線仍然是很明顯的，而指認一條道路，並不是街巷路名的系統，而是「通往城牆邊的巷子」、「通往牛墟堀的巷子」這樣的方式來告訴你這個空間的內涵。甚至，當走進街廓深處時，會很「驚喜」的發現，事先準備的地圖失效了。手機上的地圖解析度有限不消說，就算是紙本印出的航測基本圖這樣詳細的圖資也一樣。這是因為對居民來說，許多日常裡很常走動的通道，或者是普濟殿與周邊媽祖樓天后宮的廟境分界，其實不過就是兩棟非常緊鄰的房舍之間的一塊小小空間。在這裡，現代的工具的使用限制很快就出現了，對於空間的體驗，必須回到最基本的身體移動和居民的日常生活中（圖 34－圖 37）。[23]

23 林家呈，《社會文化與空間變遷下廟宇轄境構成與轉化之研究－以臺南市普濟殿為例》（臺南：國立成功大學建築學系，2018）。

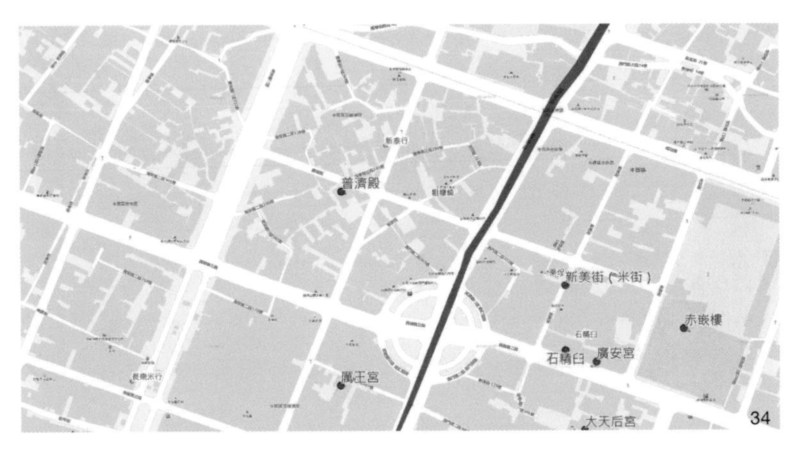

圖 34：粗糠崎與普濟殿位置。（圖片來源：作者繪製。）
說明：深藍色是臺灣府城城牆推測位置，這張圖也繪出附近的相關地點、米店。

圖 35：普濟殿角頭與現今道路紋理。（圖片來源：作者繪製，本圖底圖來源中央研究院人社中心 GIS 專題中心（2016）. [online] 臺灣百年歷史地圖 . Available at： http：//gissrv4.sinica.edu.tw/gis/twhgis/ [Accessed Date].）
說明：可以看到如慈聖街仍保留了原有紋理。

圖 36：國華街與慈聖街口。
說明：都市計畫道路與原有紋理的交會。

圖 37：慈聖街口。

第三章

日治時期的都市空間和米

第一節　殖民現代化下的空間計畫

日治時期，大體來說，是臺灣社會殖民現代化的一段歷程。在經濟的面向上，主要是工業化；在空間的面向上，則是包括市街改正、都市計畫在內的一連串空間計畫。

張宗漢（1980）以日昭和 6 年（1931）九一八事變（滿州事變）為契機，強調在軍事需求與經濟目的上，殖民政府推動工業化，並以日月潭水力發電工程為明顯的動作，這一說法著眼於政治經濟面向上殖民政府作為。[1] 葉淑貞認為臺灣的工業化應該肇始於日明治 34 年（1901）臺灣創立第一座新式製糖廠，著眼於工廠組織、生產設備、生產技術陸續出現，是從經濟活動與經濟制度的角度切入。[2] 高淑媛則認為應該以工場家數與雇用職工數顯著增加的日昭和 10 年（1935），作為起點。[3] 同時亦認為日昭和 10 年（1935）出現了經濟思想上的變

1　張宗漢，《光復前台灣之工業化》（臺北：聯經，1980），頁 31-35、63-82。

2　葉淑貞〈臺灣工業產出結構的演變：1912-1990〉。《經濟論文叢刊》24：2（臺北：國立臺灣大學經濟學系，1996），頁 234。

3　高淑媛《臺灣近代產業的建立——日治時期臺灣工業與政策分析》（臺南：成功大學歷史研究所博士論文，2003），頁 267。

化，「臺灣人放棄抵抗臺灣總督府所欲實施之工業制治政策，因而有臺灣合同鳳梨株式會社的成立為臺灣的統制經濟體制奠基」。

在《延綿的餐桌：府城米食文化》一書裡簡要整理了日治時期臺南市的產業變化。臺灣的工業化明顯進展是在日昭和 5 年（1930），然而近代化工業的興起，則在 20 世紀初期便已開始。相對於後期臺灣整體產業結構朝向重化工業轉型，在臺南州和臺南市裡，產額高，或者說比較重要的產業都是食料品製造業，分別是臺南州的糖業，和臺南市的精米業。在該書裡，我們也淺介了臺灣自清代以來，當臺灣米納入一個更大的海外貿易系統時會發生的「蔗稻競作」、「米糖相剋」的問題。

在都市化的面向上，最顯而易見的是市街改正、都市計畫的執行。這些姑且統稱為「空間計畫」的政策，和《延綿的餐桌：府城米食文化》一書裡簡介日治時期臺南精米業情況時所使用的統計資料一樣，都是殖民政府以所謂科學、理性調查與規劃為基礎的所採用統治術。這些調查從殖民伊始便著手進行，例如日明治 37 年（1904）土地調查確立了小租戶的土地所有權；日明治 38 年（1905）進行第一次臨時臺灣戶口調查，日明治 43 年（1910）開始林野調查與林野整理事業第一期，日大正 9 年（1920）進行了第一次國勢調查等等，資料繁多不及備載。殖民政府試圖透過「科學」的方法，來看見、理解、掌握、統治這塊土地，以及其上的人民及生活。

與臺南有關的空間計畫中，日明治44年（1911）的「臺南市區計畫」、日昭和4年（1929）「臺南市區計畫地域擴張」，以及日昭和17年（1942）頒佈的「臺南都市計畫區域及都市計畫變更」案分別反映了隨著都市發展，而有所轉變的治理政策。尤其在日大正9年（1920）行政區劃調整，設置了臺南市，以及日昭和12年（1937）總督府頒布〈臺灣都市計畫令〉後，在臺南，這些空間計畫逐漸地「指向現代經濟」。

在這裡，我們同樣先提供一個整體空間結構上的變遷，不過，透過「看見」日治時期米街，可以進一步看到在這種「殖民現代化」的故事底下，還有一個屬於本地社會日常生活的故事。

一、日明治44年1911年「臺南市區計畫」

對於大體延續了清領時期臺灣（南）府城範圍的臺南市街，從統治伊始，日明治35年（1902）起就有了針對公共衛生等環境問題開始進行的市區改正。不過，直到日明治44年（1911）的「臺南市區計畫」，殖民政府主要都還是以「問題－解決（problem-solving）」的方式，被動的處理殖民時遭遇到的問題，「並沒有預測整體發展趨勢的概念與能力」。[4] 面對空間上的統治議題，治理工具必須有本質上的改變，並且這種改變會大於工具本身，會是整體治理架構的調整。

自日明治 44 年（1911）《臺南廳報》689 號告示第 70 號揭載「臺南市街市區計畫」後，關於市區計畫進行狀況可分為兩類記載。一類記載年度工事進度、執行狀況，包括當年竣工、未竣工與跨年度（繰越）之項目。在《臺南州管內概況及事務概要》裡可以看到相關紀載。至於對既定市區計畫的變更，則可以在諸如《臺灣總督府事務成績提要》中看到。[5]

除了「提要」，要了解空間計畫的相關政策執行或變化，還可以參考「官報」。官報作為史料，其空間範圍遍及全島，時間範圍也幾乎含括日治時期，如黃武達（1997）所言：「與市區計畫相關之法令、制度之布達等，官報所收錄者，可謂鉅

4 黃世孟，《日據時期臺灣都市計畫範型之研究》（臺北市：臺灣大學土木工程學研究所都市計畫研究室，1987），頁 81。

5 上述這兩類史料，可以統稱為「提要」，「提要」是以年度為單位，彙整各官廳內所屬各部門的年度施政成績所提出的施政報告書。日明治 29 年（1896）內閣總理大臣伊藤博文、海軍大臣西鄉從道來台視察，總督府將統治以來至當年三月底為止的政務成績編成《民政事務成績提要》，是為「提要」史料的濫觴。所謂民政，也就是軍政以外的施政事務。此後臺灣總督府民政局各課均按月提出主管事務成績，纂編成歷年《民政事務成績提要》，向臺灣總督及日本拓殖大臣報告。日明治 29 年（1896）8 月以訓令 84 號規定，將總督府發佈的命令，也編入報告之中。是為「提要」史料主要內容。

細靡遺，誠謂研究日治時代臺灣都市計畫史最基本之第一手史料」。[6]

> 官報史料因屬官方公佈之政令史料，故僅能見證政令布達之結果，不能瞭解其決策之背景過程。
>
> 提要史料……所記總督府對於各近代都市計畫之審議、認可之歷程，堪稱珍貴。而其中各地都市計畫之政策形成與定案過程，當時之歷史背景等相關史料，於研究上恰可與「官報」史料互補，更屬難得。

如同上述兩段引文所呈現的，官報記載歷年市區、都市計畫的執行狀況，提要記載市區、都市計畫的變更。在《府城米糧研究》和《延綿的餐桌：府城米食文化》裡，我們透過提要

6 黃武達，《日治時代臺灣都市計畫歷程基本史料之調查與研究》（臺北：文化大學，1997）。頁 17、63、108。官報的發行以宣達政令，轉載各級官署文書，廣告周知為主。而內容又依發行官廳的職權而定。所以臺灣總督府報刊載全島一體適用的法律、總督公布之律令、訓令、公告，或是雖屬地方官廳事務但裁決權屬於總督職權之府令、告示。而地方官廳官報則以該官廳法定職權之條例，及地方官廳首長之訓令、告示、公告為主。就《臺南市報》來說，最主要的部分有「條例」與「告示」。前者規定市民使用行政機關提供之服務時應遵守之規定，後者則是就此服務廣告周知。此外還有「訓令」一項，公布行政機關提供服務時，公務人員應遵守之規定。在《臺南市報》常可見到對同一項施設、服務前後發佈「告示」、「條例」、「訓令」。

和官報整理出與都市計劃相關的資料，透過統計資料了解在經濟方面的情況，加上文字資料和地圖，才得以初步了解「米糧」這件事是在一個什麼樣的「社會經濟—都市空間」變遷中，從清領時期的表現而逐漸有所變化。[7]

二、日大正 9 年（1920）「臺南市」的設置與市政制度的建立

日大正 8 年（1919）10 月 29 日，田健治郎受任為第八任臺灣總督，是臺灣文官總督時期伊始。在田健治郎日大正 8 年（1919）至日大正 12 年（1923）任內臺政有許多興革。包括修正六三法、設置總督府評議會、建立臺日人通婚制、臺日人共學制等等。其中日大正 9 年（1920）殖民政府在地方自治的理念下調整行政區劃，變更了殖民以來沿用的廳制，改廳為州、改支廳設郡市、改街庄為大字。臺南州包括了原來的臺南廳與部分嘉義廳，下轄臺南市以及嘉義等其他十一個郡市。其中將原臺南市街、周圍的八個大字，鄭子寮、三分子、後甲、竹篙厝、桶盤淺、鹽埕、上鯤鯓、安平合併為臺南市。日昭和 11 年（1936）劃併下鯤鯓，日昭和 16 年（1941）劃併灣裡、

7　關於更詳細的方法內容，或可見鄭安佑，《都市空間變遷的經濟面向—以臺南市（1920 年至 1941 年）為例》（臺南，國立成功大學建築學系，2008）。

鞍子、虎尾寮三個大字為臺南市的一部份（圖 38）。

在臺南市設置後，日大正 9 年（1920）前半段，臺南市市政主要針對公共設施制訂使用條例、提供各類公共服務為主。日大正 9 年（1920）到日昭和元年（1926）之間，行政部門提供的服務側重日治時期被定位為社會保護與經濟保護的項目。也就是從政府的角色，給予弱勢階級的保護。社會保護的項目包括教育、社會事業基金的設置，窮民救助的規程，以及人事、

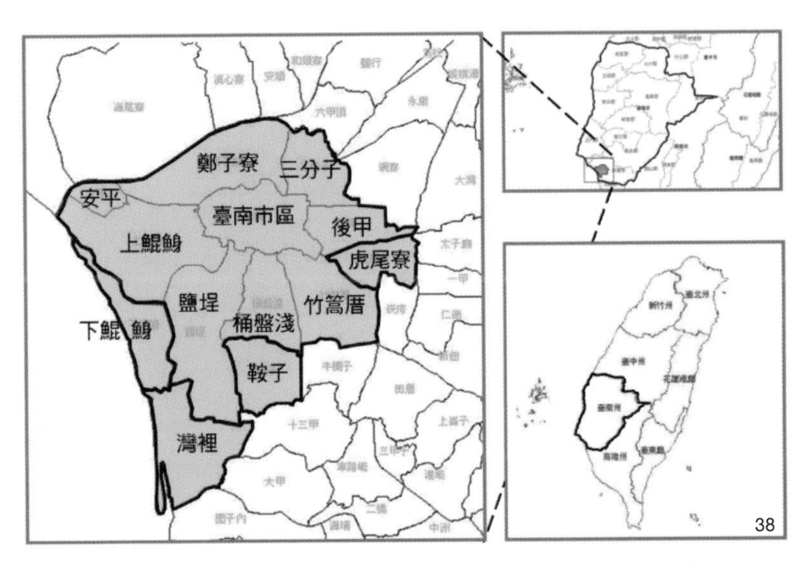

圖 38：日大正 9 年（1920）至日昭和 16 年（1941）臺南市範圍。（圖片來源：鄭安佑，《都市空間變遷的經濟面向－以臺南市（1920 年至 1941 年）為例》，頁 8。）

說明：虎尾寮、鞍子、灣裡、下鯤鯓係於 1920 年至 1941 年間陸續劃入臺南市。

稅務諮商所（相談所）。經濟保護則以公設當鋪（質鋪）、職業介紹所（紹介所）、公營旅館（宿泊所）為主。

另外也對於各種公共設施訂定使用條例。條例內容大致包括公共設施可使用的範圍、使用時間、費用（料金），及使用上其他相關規定。這些條例有些是針對既有的公共設施，例如臺南市各市場的使用條例；有些則是相應於新設設施而制訂，例如水浴場、葬儀堂、火葬場、運河使用條例。綜觀之，「臺南市」既置初期，臺南市的政府部門是以制度上的建立為主要方向。相對於制度上的綱舉目張，都市空間方面作為要到日昭和4年（1929）的「臺南市區計畫地域擴張」之後才顯主動。

根據《臺南州管內概況及事務概要》記載，臺南市市區改正從日明治35年（1902）始至日昭和3年（1928），27年間投入工費共81萬1,000餘圓。時至昭和3年（1928），第一期的臺南市區計畫已將屆完成，日昭和4年（1929）四年事業結束之後，接續著是第二期計畫，日昭和5年（1930）開始的「十年事業」，總工費182萬49元（臺南州，1929：278）。然而，日昭和5年（1930）開始的臺南市的第二期市區計畫，與日明治35年（1902）的市區計畫所面對的臺南市街已然不同。

日大正9年（1920）置臺南市時，臺南市市區中心的交通系統已大體完成，在市區計畫上，仍遵循日明治44年（1911）

「臺南市街市區計畫」。然而，也因應著行政區域的重新劃分、市政機能的充實、臺南市人口的增長 。在日昭和4年（1929）第一期的市區計畫將屆完成之際，提出以「臺南市」為對象的「臺南市區計畫地域擴張」。

在日大正9年（1920）到日昭和4年（1929）之間，大體上臺南市市區內以二、三級產業為主，雖受到日大正9年（1920）經濟不景氣的影響，但長期來看仍維持成長。臺南市市區的會社與組合分布，集中於原來十字大街位置的本町、錦町，以及原五條港區的永樂、港町。會社分布位置在日大正9年（1920）以上述町別為中心，主要向南擴散。市區內的第二級產業以輕工業為主，分布範圍幾乎涵蓋整個市區，表現出臺南市豐富的工業內容。日大正9年（1920）也已經出現以化學工業為主的重化工業工廠，分布位置除本町以外，偏在市區北部。大字是臺南市第一級產業分布的地點，但是也朝向第二級產業發展。除了可以看到大字本身內部經濟活動內容轉變，透過市區與大字之間輕便鐵路、指定道路的修築也能夠看出市區與大字之間逐漸增強的聯繫。

市區中的經濟、交通等公共建設反映了經濟活動中的運銷、交易部分。除了民間會社、組合的經濟活動以外，南門市場的設置、運河的興築，以及對市區邊緣墳墓地的改葬，都是在同樣的脈絡，隨著臺南市市區擴張中經濟活動的充實，進而加強臺南市對外聯繫關係之下的表現。綜觀日大正9年（1920）臺南市市區擴張過程，空間中的經濟活動、經濟建設在日大正9年（1920）主要是以市區內的充實為主，但是隨著市區與大字各自經濟活動的發展，兩者之間交通連結的為之增強，而有1929年的市區計畫地域擴張。[8]

三、臺南州立農事試驗場

在空間計畫與經濟建設雙管齊下的殖民現代化過程裡，對米糧來說，臺南州立農事試驗場的設立則是技術、研究層面的表現，可以說是米糧業現代化的象徵，那就是「原臺南州立農事試驗場辦公廳舍」及「原臺南州立農事試驗場宿舍群」。

今天「原臺南州立農事試驗場辦公廳舍」的位置原來是射擊場，射擊場在日大正2年（1913）時遷移到北區，日大正12年（1923）時在該址設置了「臺南州立農事試驗場」，象徵了臺灣農業研究在地化的發展。1946年改名「臺南縣立農事試驗場」、翌年再改名為「臺南縣立農林總場」。1950年改稱「臺灣省臺南區農業改良場」，隸屬省政府農林廳。1958年更名「臺灣省臺南區農業改良場」，並在精省後改隸行政院農業委員會。2004年公告登錄為市定古蹟（圖39－圖42）。

8　鄭安佑，《都市空間變遷的經濟面向—以臺南市（1920年至1941年）為例》，頁48-55。

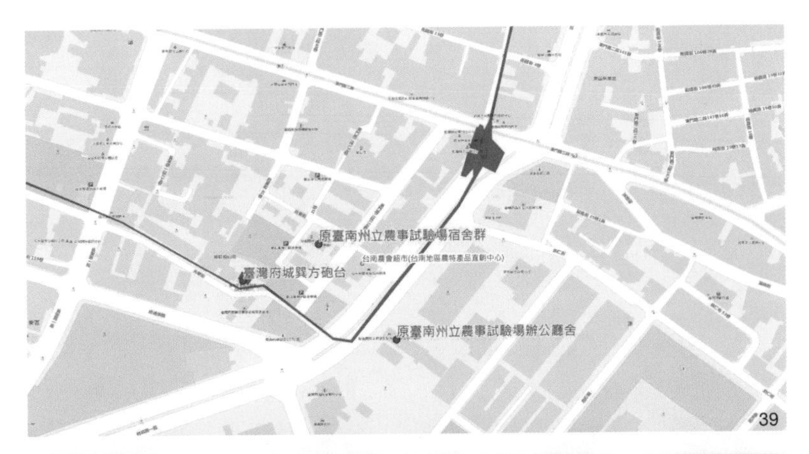

圖 39：原臺南州立農事試驗場周邊。（圖片來源：作者繪製。）
說明：深藍色是臺灣府城城牆推測位置，這張圖也繪出附近的相關地點、米店。

圖 40：臺南州立農事試驗場辦公廳舍。
說明：四周已經蓋起大樓。

圖 41：臺南州立農事試驗場宿舍。
說明：已經修復再利用。

圖 42：臺灣府城巽方砲臺。
說明：位在臺南州立農事試驗場宿舍附近。戰後砲臺為修禪院所使用，一度做為辦公室兼會客室。目前砲臺與修禪院可以視為是一個整體的空間

「臺南州立農事試驗場」的設置，是在日治時期殖民政府長期且多樣的農業改良政策中的一環。當時在「臺南州立農事試驗場」設有農藝部、育種部、農藝化學部、畜產部、病理昆蟲部及庶務部，在建物方面則有辦公室、農藝化學實驗室、病理昆蟲研究室、作業室、網室、倉庫、宿舍、牧夫舍、牛舍、雞舍、綿羊及山羊舍、育雛舍、堆肥舍、飼料倉庫、及飼料調理室。

在《延綿的餐桌：府城米食文化》一書中，我們提到了清代臺灣的稻種種類非常多，這種情況會降低稻米種植的效益，也對於稻米的品質有所影響。因此，科學地培育是和在地風土的稻種便成為重要的事情。當然，我們也可以這樣說，稻種的育種，是在現代化過程中，殖民政府如何以科學的工具「治理」土地資源的過程。

第二節　新政經軸線的成型

雖然日昭和 12 年（1937）後日本才正式進入戰時體制，但是日昭和 5 年（1930）初期九一八事變後展開的軍事擴張，即已明顯影響臺灣經濟活動。首先，軍事行動下的「戰爭繁榮」，舒緩了日昭和 4 年（1929）世界性的經濟衰退。再則以「工業化、皇民化、南方政策」方針，在「工業臺灣、農業南洋」

的架構下，行政部門藉由推動臺灣重化工業以作為軍事工業的基礎，也明顯改變了臺灣的產業結構，日昭和 16 年（1941）時工業產值已大於農業產值。雖然備戰日急，但市區計畫並未因此停頓。日昭和 12 年（1937）總督府更頒佈臺灣都市計畫令，以都市計畫取代市區計畫，重新定義都市計畫事業的內容，建立了一套相應的法令規定，並且引入新的規劃工具。

日昭和 4 年（1929）的「臺南市市區計畫」是一以「臺南市」為對象的空間計畫。這次市區計畫地域的擴張，主要是以原臺南市街地，往東部、南部及北部擴張，劃定街衢。擴張部分東側包括高等工業學校、長老教會女學校、中學校。西側包括運河，南側包括第二高等女學校、末廣公學校、女子技藝學校、火葬場、綠園、運動場、競馬場、內地人墓地、本島人墓地。在日昭和 4 年（1929）到日昭和 12 年（1937）之間，市區內主要是外圍町別的下水道及主要道路工事。市區邊緣則以大規模的墳墓改葬為市區計畫實際擴張之先聲（圖 43）。

日昭和 5 年（1930）至日昭和 11 年（1936），臺南市的市區計畫根據日昭和 4 年（1929）公布的「市區計畫地域擴張」案持續進行。市區內主要在明治、花園、北門、南門、西門、濱町等市區外圍的町別，進行下水道及主要道路的工事。在市區邊緣，則表現在墳墓改葬。到了日昭和 12 年（1937）之後，臺南市區內的道路工事，以遍及市區各處的路面改良鋪裝工事

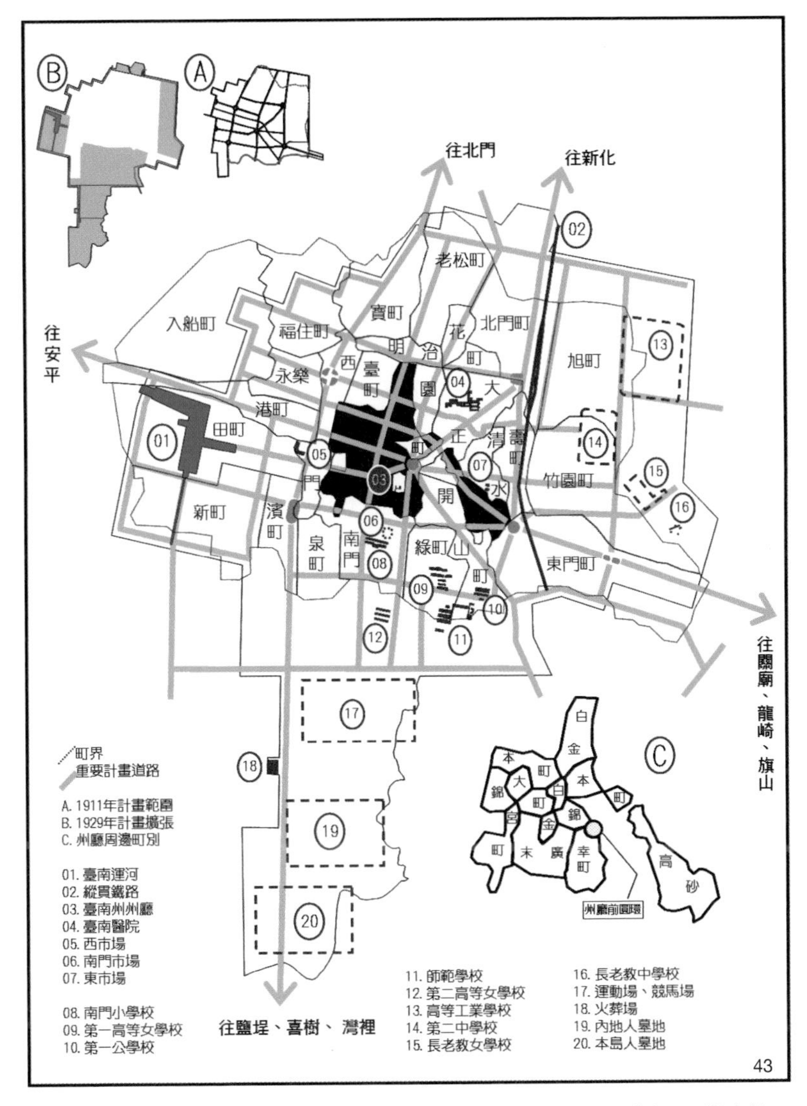

圖 43：日昭和 4 年（1929）臺南市市區計畫範圍及路線。（資料來源：鄭安佑、徐明福、吳秉聲，〈日治時期臺南市（1920-1941）「都市空間—社會經濟」變遷—指向經濟的都市現代化過程〉，《建築學報》（建築歷史與保存專刊）85（臺北，臺灣建築學會，2013），頁 23。）

說明：左上角圖 B 灰色色塊範圍係日昭和 4 年（1929）計畫較明治 44 年（1911）增加之範圍。其他說明請見圖例。

為主，並拓寬末廣町、壽町、西門町等數條交通要道。這個時期市區內的新設道路甚少，僅後甲與東門町、竹園町之間規劃新設道路路線。配合《臺灣總督府事務成績提要》所記載這段期間內通過的三分子地區土地重劃案，從都市計畫範圍看來，臺南市區除了日大正 9 年（1920）向南邊桶盤淺、鹽埕的擴張外，在日昭和 12 年（1937）以後，也向東邊的後甲、北邊的三分子擴張。到了日昭和 16 年（1941）的「臺南都市計畫區域及都市計畫變更」案，大字更是躍升為計畫處理的主要對象。

此外，墳墓改葬在日昭和 5 年（1930）以後頻繁進行，除了表示臺南市市區實質上已經超出了原來臺南府城城牆的範圍，以致於原本位在城牆外圍的墓地，因應土地使用與需求必須移轉改葬外。由行政部門進行的墳墓改葬工事、墓地經營管理，也是作為日昭和 12 年（1937）以後都市計畫面對擴大的市區設置新的交通道路線，所行的先期動作。

一、昭和 4 年（1929）「臺南市市區計畫地域擴張」和新政經軸線的成立

在這個時期，末廣町的相關計畫執行則有著重要的「社會經濟－都市空間」意涵。末廣町是臺南市第一條示範街道，竣工後有「銀座通」的稱譽。其中二丁目店鋪住宅是由民間

合資、行政部門設計、統籌興建。在臺南市都市發展的經濟面向上，具有指標意義。日昭和 2 年 1927 年《臺南市報》第 10 號的彙報土木事項刊載「末廣町路建築標準有關文件」，規定末廣町店鋪住宅設計各項標準。同年並有民間組織「店鋪住宅速成會」成立，決定在末廣町路興建連續店鋪住宅（傅朝卿，2001）。日昭和 6 年（1931）末廣町路 2 丁目店鋪住宅開始興築並於隔年完工。日昭和 7 年（1932）12 月 3 日，全臺第 2 間配備電梯的百貨公司林百貨盛大開幕。將街道放回都市中，日昭和 12 年（1937）末廣町街全線完工後，末廣町路與大正町路是聯絡臺南運河、州廳前圓環、縱貫鐵路車站的重要

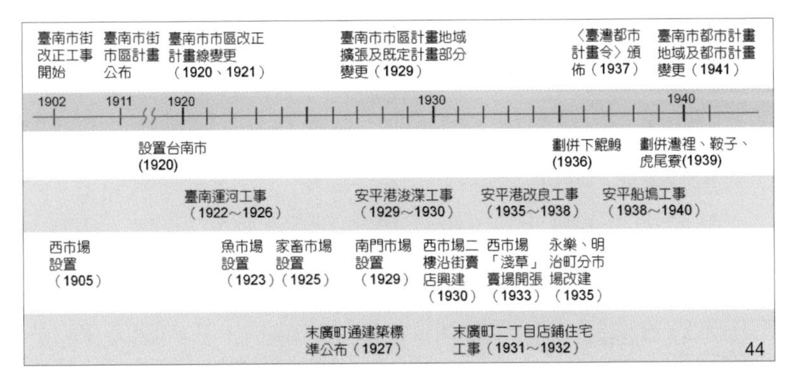

圖 44：與日治時期臺南市都市空間新軸線相關的事件。（資料來源：鄭安佑、徐明福、吳秉聲，〈日治時期臺南市（1920-1941）「都市空間一社會經濟」變遷一指向經濟的都市現代化過程〉，《建築學報》（建築歷史與保存專刊）85（臺北，臺灣建築學會，2013），頁 24。）

路線。這一條路線兩端連接區域貿易及對外貿易建設，其中點則是臺南市政治中心，以州廳為首，各重要機關所在的兒玉綠園。自此，末廣町路與大正町路成為一條兼具政經意義、銜通海外、腹地的都市軸線。[9]

至此，清領時期的民間社會經濟活動聚集的大街，其軸線性質被政府規劃的大正町路、末廣町路所取代。不過，鄭安佑等（2018）也指出，日昭和 5 年（1930）臺南市市區的經濟活動絕大部分仍然集中在大街，也就是當時的本町路一帶。末廣町路表現出的是經濟活動「質」上的不同。末廣町路上的經濟活動營業內容以新式行業為主。除了勸業銀行臺南支店、林百貨、崇文堂等大型會社以外，有販賣貴金屬美工藝品的鐘錶眼鏡店；售有石鹼、油類、染料等化學工業產品的藥局；兼營文具、書籍、印刷、運動器材的照相館；旅館、餐廳、商店複合經營的店家；以及汽車、腳踏車、機械器具、咖啡廳、和洋料理等不同產業的商品及服務。

整體來說，日大正 9 年（1920）至日昭和 16 年（1941）之間，面對新設置的臺南市，公部門在市區內進行港口、運河、市場等經濟建設，並透過空間計畫加以連結。其中闢設了以新

9　鄭安佑、徐明福、吳秉聲，〈日治時期臺南市（1920-1941）「都市空間─社會經濟」變遷─指向經濟的都市現代化過程〉，《建築學報》（建築歷史與保存專刊）85（臺北，臺灣建築學會，2013），頁 27。

式商業為號召的末廣町路，末廣町路連接大正町路，成為都市空間新軸線。這一條軸線自火車站經西市場至運河，分別連接都市提供區域、地方、對外貿易機能的空間（圖 45）。

當然，這所謂的新軸線，只是歷史的一面。當我們將目光

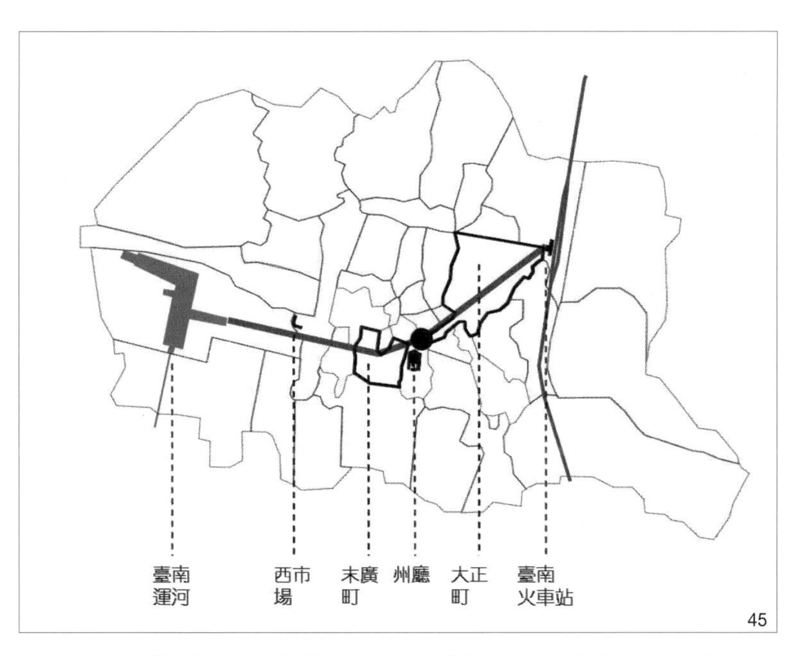

圖 45：末廣町路與大正町路構成的軸線。（資料來源：鄭安佑、徐明福、吳秉聲，〈日治時期臺南市（1920-1941）「都市空間—社會經濟」變遷—指向經濟的都市現代化過程〉，《建築學報》（建築歷史與保存專刊）85（臺北，臺灣建築學會，2013），頁 27。）

說明：日治時期行政區係以主要街道兩側街廓為範圍，圖中末廣町路和大正町路連接了臺南火車站、州廳和運河。

移到米街、移到日治時期的米店時，我們可以看到另一面更屬於臺灣人、屬於日常生活的歷史及其空間。鄭安佑（2018）也以「看見」米街為例，指出唯有同時看見大結構的政治經濟史和連續不斷的社會經濟史，看見確確實實存在在殖民者看不見的地方中的日常生活，才能更完整一些地理解這座都市。並且，也是我們的調查、寫作計畫試圖做到的，將自身生活與歷史、城市空間有所連結。

在後續追問日治時期的米街、米店時，我們將可以看到，固然殖民政府透過空間計畫工具、經濟建設、甚至是商法所規範的組織形式、市政經費預決算等「殖民現代化」的治理工具，打造了一條政經軸線。但是透過更細微確實的歷史事實，可以看到既有的「鬧熱區」並沒有因此立即轉移，變化的過程是緩慢的（圖 46）。

二、臺南運河與安平港

在前述的政經軸線中，西端銜接至臺南市區內新築的碼頭，透過新臺南運河通往安平港。日治時期臺南運河與碼頭的興築，或許也能反映米當時銷往日本，以及安平港作為一個民生用品進口港的本質。

因應清領時期五條港運河不斷淤積，運輸不便。新臺南運河興築工程在日大正 11 年（1922）動工、日昭和元年（1926）

46

圖 46：1934 年臺南市的「鬧熱區」。（資料來源：鄭安佑、吳秉聲、徐明福，〈現代化過程中「社會經濟—都市空間」的謀生景致—以 1934 年臺南市末廣町路、本町路與米街為例〉，《建築學報》105，（臺北：臺灣建築學會，2018），頁 99。）

說明：深色者表經濟活動集中程度高。

竣工、日昭和 4 年（1929）後以浚渫船疏濬。又在運河的臺南端築臺南船塢（船溜），安平端築安平船塢。別於舊運河，臺南運河又稱新運河。記載日昭和 4 年（1929）施政狀況的《臺南州管內概況及事務概要》中便敘述，新運河闢成後，不僅交通上促進其便利，每日船舶往來繁多。而且也成為臺南市的風光名勝之一（圖 47）。

日大正 9 年（1920）至日昭和 16 年（1941）之間，安平

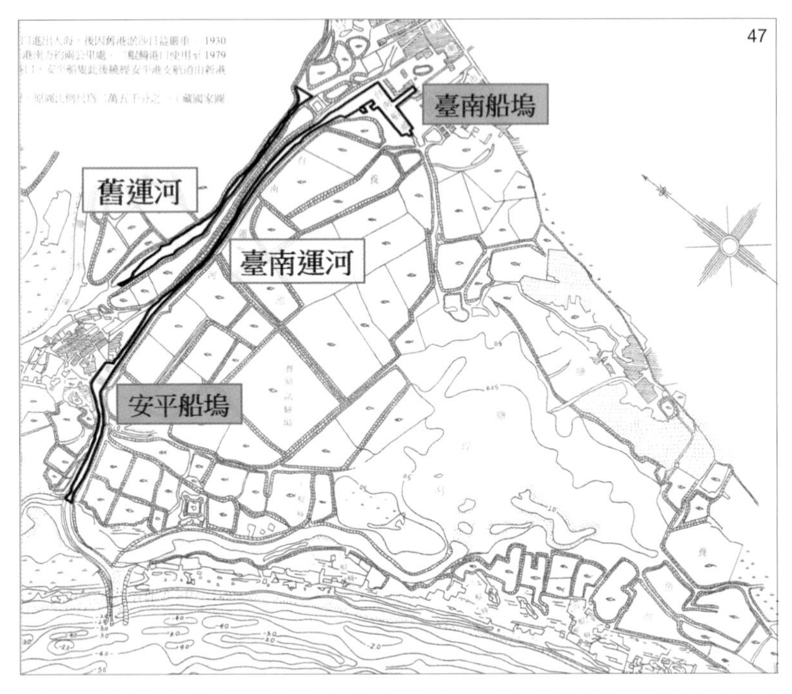

圖 47：臺南市新舊運河、船塢位置圖。（資料來源：鄭安佑，《都市空間變遷的經濟面向─以臺南市（1920 年至 1941 年）為例》，頁 131。）

港貿易額歷年約在 1,000 萬圓至 2,000 萬圓之間，佔全臺比例在 2% 至 3% 之譜。貿易額既不高，那麼公部門修築港口、運河的社會經濟意義可能會是什麼？

透過課徵出港稅、實施貨幣法，日本在臺灣的貿易上對其他國家取得極大的優勢。安平港在日大正 9 年（1920）時移輸出入貿易金額，進口商品金額遠大於出口，而其中以自日本移入商品金額遠高於其他三項，日本同時也是主要的商品出口對象。當時，安平港之進口額遠高於出口額，移入額又遠高於輸入額，歷年移入品價值在 50 萬圓以上者有罐頭、紙類、紡織品、絲線、鐵、鐵製品、木材、汽車及相關商品等項，提供自日本移入的民生凡百商品。此外也自中華民國輸入福州杉木、藥材，輸出食鹽至俄羅斯、以及移出至以大阪為主的紡織業與食料品加工業產品。

日明治 35 年（1902），從薩摩、肥後來的日本米和緬甸仰光的外國米已進入臺南市的市場交易中，此後內地米與本島米的米價，成為統計書中的重要項目。這份逐月記錄各地各等級米價的統計資料，也成了現代新經濟史推算日治時期臺灣物價的重要資料。

從米進口的資料來看，歷年有日大正 9 年（1920）廈門、汕頭（以廈門為主）、日大正 12 年（1923）門司、大阪、下關、神戶、宇品（以門司為大宗），以及日昭和 3 年（1928）的尾道、朝鮮釜山等地米進口。唯到了 30 年代，相關統計中安平港已未見米進口資料。

綜整來看日治時期安平港的米移出入，一方面可以看到臺灣米產在殖民經濟結構中主要運銷往殖民母國的情況，一方面也可以看到臺灣米作在臺日市場逐漸整合後，所出現的經濟作物性質。臺日皆然，米價在日治時期與物價連動，在日大正

11 年（1922）後歷年《臺南州產業狀況》中都可以看到關於內地正期米與產地殘存米如何影響米價的敘述。

從安平港的貿易貨品可以看到，雖然日治時期安平港和臺南市雖在全島港口、都市均不再居於首要地位，但對都市本身而言，安平港和臺南運河的修築，再度強化了都市對外貿易功能。並且，安平港對臺南市來說，有一個很重要的功能就是進口民生用品。這一點從清領時期開港的海關資料也同樣可以看到（鄭安佑，2018）。安平港日治時期進口內容，不論是自清領時期中國、中華民國、其他國家或日本，安平港進口的商品貨物都包含凡百雜貨，可供應臺南城市日常需用。以米為例，作為商品，臺南市精米所生產的白米主要交由打狗港出口，但其他地區的米仍通過安平港，進入了臺南市的米市場中。這也再次佐證了「安平－臺南」作為一個進口百貨商品，供給周邊地區消費的節點的情況。

三、昭和 16 年（1941）「臺南都市計畫區域及都市計畫變更」和郊區的發展

臺南市市區擴張過程中，空間層面的重要內涵之一就是市區、都市計畫的執行與規劃。市區計畫在日昭和 12 年（1937）實行「臺灣都市計畫令」後，改稱「都市計畫」。兩者之間有一重大差異在法源的建立。建立法源，行政機關得以依法課

稅、徵收土地、施行土地之交換分合以執行土地重劃（土地區劃）。以土地重劃為重要方法，進行「交通、衛生、安全、經濟等重要施設」的都市計畫。

日昭和 12 年（1937）以後的都市計畫變更分為都市計畫土地重劃整理案，與都市計畫決定案及實施計畫認可事項兩類。土地重劃是臺灣都市計畫令的重要規劃工具。根據臺灣都市計畫令，除了土地所有權人得以據第 49 條提出土地重劃的請求以外。當作為都市計畫而決定之土地重劃，其重劃區內土地所有權人在指定期限內不申請土地重劃，或申請但內容不當時，臺灣總督也得以根據第 50 條命令行政廳施行土地重劃。在認可都市計畫區域、都市計畫，以及執行土地重劃上，臺灣都市計畫令都賦予臺灣總督相當大的權力。

在日昭和 13 年（1938）到日昭和 16 年（1941）之間，市區裡進行的主要是道路鋪裝工事，工事位置遍及整個臺南市。包括縱貫鐵路兩側的聯絡道路，北門町至旭町、清水町至竹園町；火車站至州廳前圓環的大正町路、東門町三丁目；州廳前圓環附近的幸町至開山町；市區南邊南門小學校至末廣公學校、第二高等女學校至葬儀堂；市區西邊西門町到入船町、永樂町、港町，以及運河旁的田町、濱町、新町，都進行了鋪裝工事。到了日昭和 16 年（1941），鋪裝工事已經從初期選定重要道路施作，轉變為整個道路工事的流程之一。以幸町一丁目至開山町二丁目，以及竹園町至後甲這兩條路線為例，都在日昭和 14 年（1939）新設道路，日昭和 15 年（1940）旋即進行鋪裝工事。市區與大字之間的聯絡道路是比較特殊的，從開山町至竹篙厝、竹園町到後甲也進行了鋪裝工事。這表示當時後甲、竹篙厝與市區間的交通流量已有相當程度。

日昭和 16 年（1941），臺灣總督公告「臺南都市計畫區域及都市計畫變更」案，該案最主要的部分在於道路的追加與變更。這份資料明顯表現出臺南市都市計畫實行後，在市區與大字之間建立聯絡道路的趨勢。計追加或變更道路有 74 條，其中在臺南市區內的有 15 條，連接市區與大字有 16 條。其他都是大字與大字之間的聯絡道路。都市計畫區域不僅擴大，而且進行實質上的道路連結。除了大字以外，該案的道路也聯絡了永康的六甲頂、網寮等地。下表 1 列出各大字的聯絡道路數。

之前未見於史料的上鯤鯓與安平，是該案路線數最多的兩個大字。上鯤鯓主要是與運河一帶町別聯絡。安平的 13 條路

表 1、1941 年臺南都市計畫區域及都市計畫變更案大字路線數

大字別	上鯤鯓	安平	三分子	鹽埕	竹篙厝	桶盤淺	鄭子寮	後甲	虎尾寮	下鯤鯓	灣裡
追加或變更路線數	13	13	10	10	7	7	5	3	2	0	0

說明：一條路線若起迄大字不同，兩大字的路線數都計一。

線中，只有一條是通往港町的對外聯繫道路，其他都是安平內部路線。這一點與其他大字情況不同。其他如北邊的三分子、鄭子寮，南邊的鹽埕、桶盤淺、竹篙厝，東邊的虎尾寮與後甲，彼此之間都以計畫道路相互連結。

整體來看，到了日昭和 16 年（1941），臺南市都市計畫不僅規劃市區與大字間的交通路線，更進一步發展大字彼此間的聯絡道路。與日昭和 12 年（1937）以前，持續進行日昭和 4 年（1929）擴張案的市區計畫大不相同。從日大正 9 年（1920）市區計畫到日昭和 16 年（1941）的都市計畫。行政部門已經從都市機能的充實，市區內部道路新設與改良，進行到市區與大字、大字之間的聯絡。從計畫規模與內容來看臺南市區的擴張，是一方面充實市區內部的市區計畫，一方面進行、強化市區以外區域連結的過程。

都市計畫強調市區與郊區的連結，也許與新式工廠設置的地點有關。工業化的影響促使重化工業成長，但並未改變第二級產業的生產結構。除了重化工業產值的增加以外，大型工廠生產制度的採用，以及新式工業的設置，都是受到工業化政策的影響。從工廠的營業內容與分布狀況來看更為清楚。相較於 1920 年代，重化工業工廠創設的比例提高，多分布在大字。安平的鹽業、鹽埕的織布業與製酒、竹篙厝的煉瓦業、三分子製麻、上鯤鯓製油、鄭子寮則是金屬工業中的鐵工業。

第三節　米街安在哉

2011年，在日明治44年（1911）日本殖民政府公布〈臺南市街市區計畫〉的一百年後，臺南市市政府著手執行編號CB-30-6M計畫道路的開闢。該計畫道路擬拓寬取直的路段是所謂新美街前段，也就是清領時期的抽籤巷。而都市計畫中新美街的後段，則是前面提到過的米街。

作為一個建築史、都市史的研究者，散步經過米街，看著這頗為一般的街景，感到兩種斷裂。其一是歷史知識上的斷裂，對於米街，清康熙51年（1712）周元文《重修臺灣府志》的米街，我們知道清領時期米店聚集於此。但那之後的米街發生了什麼事，為何是今天的情況。其二是歷史與生活的斷裂，那些關於都市計畫、經濟建設的歷史，固然構成了我對於這座城市的基本認識架構，但是不容易將產業結構、都市軸線的歷史與日常生活相連結。我們或許需要回到更簡單的「經濟」、人如何在一座城市中生存、生活的本質，來看見米街上的事情，來看見同樣生活在這座城市中的自己。於是遂開始了解日治時期礱米業和米街。

關於礱米業在都市中經濟重要性，我們知道米街、石舂臼附近在清領時期就是加工精米的地點。但從日治時期的資料可以看得更清楚。根據歷年《臺南市統計書》、《臺南州統計書》，臺南市和臺南州的各類工業中都是以食料品製造業產值最高，在臺南州以製糖業為主，在臺南市則是礮米業。臺南市礮米業歷年產值占全市食料品製造業的60%至85%之間。[10]製糖業工廠因為原料區位及新式大型工廠引入，故多設置在都市以外的區域，礮米業則因為臺南市有著作為米穀加工、流通用節點的歷史因素，所以礮米業產值始終保持一定水準，精米工廠也為數眾多。這點在《延綿的餐桌：府城米食文化》中有進一步說明。

日治時期臺南市礮米業產值占臺南州產值比例是逐年下降的。在30年代，從約20%下降至低於10%，表示在臺南州就地加工礮米的經濟活動應有所增加。上述臺南州礮米活動增加的情況，或許可以視為對米街上精米業消失現象的一種提示，以下會繼續從都市空間變遷與經濟活動變化關係的角度，來談談米街的消失，或者說在這條街上的人們為了回應這些結構變遷而做出的改變。

殖民政府在領臺6年後的日明治34年（1901）開始拆除城牆，劃設道路，並以圓環、放射環狀道路、垂線型道路及斜線型道路等具統治意涵的空間構成臺南市都市空間主要框架。其次，配合空間計畫，自日明治33年（1900）落成的縱貫鐵

10 鄭安佑，《都市空間變遷的經濟面向—以臺南市（1920年至1941年）為例》，頁95。

路臺南站開始、20 年代臺南運河疏浚和碼頭的興建，以及持續設置的公營市場等等經濟建設，提供了不同層級的貿易功能。[11] 綜合前述兩者，30 年代以後由縱貫鐵路臺南站、沿大正町路至兒玉綠園接末廣町路，通往臺南運河的這一段路，成為臺南市新的政經空間軸線。原為清領時期五條港、大街的永樂町、本町固為傳統產業聚集處，末廣町路與西門町路則成為以新式商業為號召的街道。

與末廣町路同樣是新設都市計畫道路的，還有取代了米街聯絡南北區位的西門町路。西門町路位置原為清領時期臺灣府城城牆西段。西門町路與本町路是市街改正最早著意之處，日明治 36 年（1903）城牆拆除後劃設道路，直至日昭和 8 年（1933）拓寬為一等道路，下水道、亭仔腳等工事次地完工，成為臺南市重要的南北向連外指定道路。

日治時期臺南市的海岸已較清領時期往前推進，昔日的海岸線和城牆已經變成大道，河港也淤積成為都市計畫街廓中的巷弄。與末廣町路交會於臺南運河前的西門町路，同時具有州際指定道路的身份。就前者來說，西門町路與末廣町路交會處，日昭和 8 年（1933）由越智寅一所主導設立的「淺草」平

11 鄭安佑、徐明福、吳秉聲，〈日治時期臺南市（1920-1941）「都市空間—社會經濟」變遷—指向經濟的都市現代化過程〉，《建築學報》（建築歷史與保存專刊）85（臺北，臺灣建築學會，2013）。

價市場，代表一個新式商業中心的出現。而在「淺草」左近，日明治 38 年（1905）即設置的臺南市最大公營市場—西市場，則說明了西門町路在地方貿易上的重要性。與從兒玉綠園輻射出來的末廣町路有所不同，西門町路連接了臺南市市區數條重要東西向街道，並且朝北聯絡北門、南聯絡鹽埕、喜樹、灣裡，西向安平。以東亦曾有輕便鐵道與火車站連接。至此，日治時期西門町路與清領時期米街在交通區位上類似的重要性已不言可喻。

從上述公部門的政策與私部門的經濟活動變化，可以看到西門町路如何在空間和經濟兩方面都取米街代之。但空間與經濟的變化就是這樣鐵板一塊的故事嗎？米街這個名字消失在日治時期以後的地圖上，但居民的日常生活是未曾間斷的，周遭地形地貌或交通區位的改變，並不會也不能中止這條街上的居民為謀生得利而投入的奮鬥。這些是從治理者、規劃者鳥瞰的觀點看不到的。誠如研究方法處提及的，過去研究多注重在官方的（如空間計畫）、特殊的（如新式工商業活動）事件上，而街道尺度的研究，能夠揭露都市空間變遷與經濟活動變化關係的另一個面向，一個更日常、屬於所有人的層面。

回到 30 年代的原米街，這個空間雖不在治理者的政策內，但仍聚集了許多的經濟活動，作為一條未受都市計劃取直拓寬的道路，日治時期米街仍聚集了許多的經濟活動。米商在什麼時候退出米街不得而知，不過在日昭和 9 年（1934）時僅存一間米商兼營精米與販售，較多的是藥種商、線香金紙（禮拜紙）製造商、木質家具商（指物）、飲食料品製造業（製麵、醬油、製粉）、日常雜貨食料品等清來既有、供應日常所需之經濟活動。[12] 藥種在日治時期也是臺南市重要的食料品加工業之一。至於線香金紙無疑反映了原米街聯絡臺南市數間重要廟宇的交通區位。

日治時期出現的新興行業同樣發生在原米街上，包括了金屬工業（鐵葉板細工、鑄物）、金物及貴金屬、醫師、撞球等行業。從原米街的情況可以看到，雖然這一條街道並不在公部門規劃中，但私部門仍回應了社經結構轉變，改變其謀生得利之經濟活動。走進米街，與其使用在末廣町路、西門町路和本町路上的「新式—傳統」經濟活動的分類，毋寧更適合以「謀生活動」來看待這個「社會經濟—都市空間」。的確，我們會用傳統、現代、新、舊的分類來理解現象，但是這百業雜陳的景象，也許要呈現的是最基本的謀生本質（圖 48）。

12　詳細的方法請見鄭安佑、吳秉聲、徐明福，〈現代化過程中「社會經濟—都市空間」的謀生景緻—以 1934 年臺南市末廣町路、本町路與米街為例〉，《建築學報》105（臺北，臺灣建築學會，2018），頁 93-118。

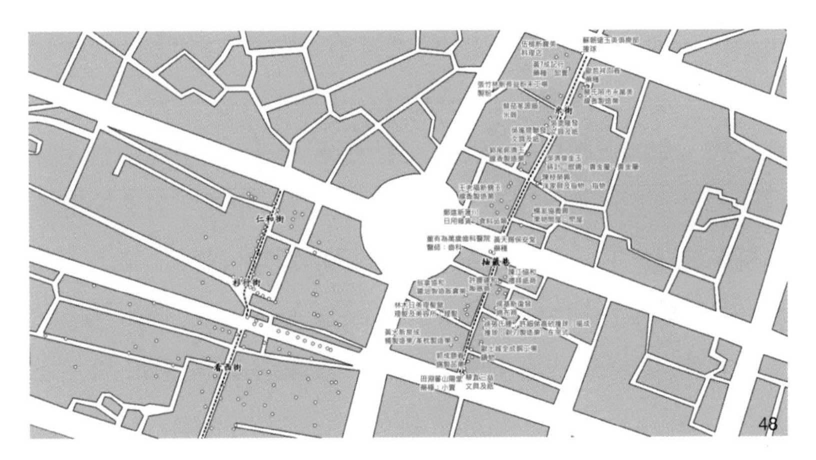

圖 48：日昭和 9 年（1934）臺南市米街、抽籤巷、仁和街、杉行街、看西街經濟活動。（資料來源：鄭安佑等，2018。）

第四節　米店在哪裡

不過，如果米店不在米街上，那麼當現代化的都市空間出現之後，米店的分布情況有什麼變化？在說明臺南市市區精米、米商分布情形前，宜先瞭解這些工廠、店家的經營型態。在日明治 33 年（1900）到日明治 43 年（1910）裡，臺南廳中出現了以公司、株式會社等新式合夥形式經營的礱穀、精米工廠。這些採現代經營型態公司、株式會社的共同特色在於資本額較高，以及分布在臺南市街以外地區者較多。而臺南市街以新式合夥型態經營的米商，則多為日本株式會社的支店，或以合資、營利組合方式成立。前者較早，大約在日明治 33 年間（1900）進駐，後者相對較晚，在 10 年代出現。[13]

相對來說，臺南市絕大多數的精米業者仍是資本額低、採傳統經營型態的商號。然而正是這些商號，產出了遠高於鄰近地區的精米產值。日大正 6 年（1917）臺南市精米工廠資本額全在 50,000 円以下，產量 40,046 石；而成立了上述公司、株式會社的高雄阿公店、楠梓坑、打狗、鳳山支廳地區，精米產量共 17,010 石。在日昭和元年（1926），臺南市役所出版的《臺南市之工業》（臺南市ノ工業）登載的 80 家精米工廠中，則有 71 家年產值高於 10,000 円。

13　如日明治 35 年（1902）打狗南興公司陳中和工廠經營精米、1909 年阿公店精米株式會社經營精米及販賣、日明治 43 年（1910）西宮肥料米穀株式會社工廠經營礱穀業務都是在高雄地區成立，另外，日大正元年（1912）在嘉義大林庄也成立有從事米穀賣買的嘉義興產株式會社。公司和株式會社都是合夥經營的一種形式，日治時期所謂公司指的是「未被法律認可下自行依公司制度組織的各種公司」。因為臺灣總督府在日大正元年（1912）禁止臺灣人在商號中使用會社一詞，直到日大正 12 年（1923）實施商法才解除禁令。進一步有關合股、公司、合名、合資、合同、株式會社以及營利組合、同業組合的分別以及與現代公司制度的對照，請參考鄭安佑（2008）。會社支店有日明治 41 年（1908）三井物產株式會社臺南支店經營問屋米砂糖其他販賣、日明治 42 年（1909）大阪糖業株式會社臺南出張所經營米砂糖販賣、日大正 7 年（1918）岩崎商業株式會社臺南支店經營米砂糖商品仲買；合資會社和營利組合則有 1906 年合資會社協興公司經營米砂糖、日大正 5 年（1916）順成和記經營精米業、日大正 6 年（1917）大億經營材木米商、日大正 11 年（1922）西南商會經營米商雜貨商。

圖 49 繪出日昭和 9 年（1934）精米工廠及米商分布。可以看到，30 年代二級產業精米活動和三級產業的米販售活動多由同一間店號經營，米商同時經營精米工場，這是常見的傳統輕工業廠店合一經營形式。米街（圖中虛線）此時並沒有米商或精米業聚集。這些同時經營精米和販賣的店家，如同其他行業，大多分布在都市計畫道路沿街面，如西門町路（今西門路）和錦町路（今民生路）。

另外，在高砂町精米工廠相對集中，農具商和棕梠簑製造業也聚集於此，形成了一區相關經濟活動的簇集。這個情況可能和歸仁、仁德的農產物運入臺南市相關。高砂町路東往東門町路是來往歸仁、仁德、關廟方面的主要道路，也是清領時期大街東段。在永樂町，也就是清領時期五條港區域，則是有許多經營乾物販賣並兼售米的店家，若考慮臺南在日明治 30 年（1897）時與中國相互進出口米及日常百貨的情況，可以看到清領時期以來既有的「社會經濟—都市空間」架構的延續。

從米行在日治時期的位置可以看到空間計劃對於經濟活動確實的影響，這些空間計畫確實改變了都市不同地點的區位。不過，位置雖然遷移，但是某些本質上的事並未改變，在後面關於當代的米行裡，我們可以讀到許多諸如米行做為周轉救濟的場所、米行與老顧客之間穩固的關係等等的故事。

戰後府城都市空間變遷的相關研究尚不稱多，關於米行或是相關行業的位置資訊也少。若比對日昭和 9 年（1934）和 2015 年古都基金會調查時的資料，仍可以明顯看到米行所在位置較日治時期更為接近市區外緣（圖 50）。這一點與本書第五章中採訪得知的戰後情況是相當一致的。[14] 既有空間紋理仍然程度地影響著米行的分布，我們可以看到，主要可能是受到日治時期市區擴張的影響，市區擴張造成了米行的遷移，其所在的位置，就是擴張後的市區範圍。

而在《延綿的餐桌：府城米食文化》一書中，我們根據糧政史料、法條爬梳、產地與市區店家的口述訪談，可以了解到 1976 年省政府建設廳頒布的〈都市計畫法臺灣省施行細則〉，將土地使用進行分區管制，限制了碾米廠的位置；1983 年頒布的〈噪音管制法〉更進一步限縮工廠的運作；加上糧區解禁後，產地大型碾米廠的興起，可看見於日治時期分布於都市計畫道路上的小型碾米廠，1980 年代後逐漸消失於市區。此外，都市化伴隨的市區地價上漲問題、道路的鋪設與貨車的普及，也使得米糧行的位置由市中心向外遷移。至今市區米糧行的位置已不見明顯的群聚現象，而是散布都市擴張後的範圍。

14 其實不只是米行，在古都基金會目前的調查中藥行、紡織也都有這種隨著都市擴張（計畫或自然擴張均有），經濟活動也隨著移動的情況。當然，這背後是更為難以看見的，都市內居民的移動。

圖 49：日昭和 9 年（1934）臺南市精米業相關經濟活動分布。

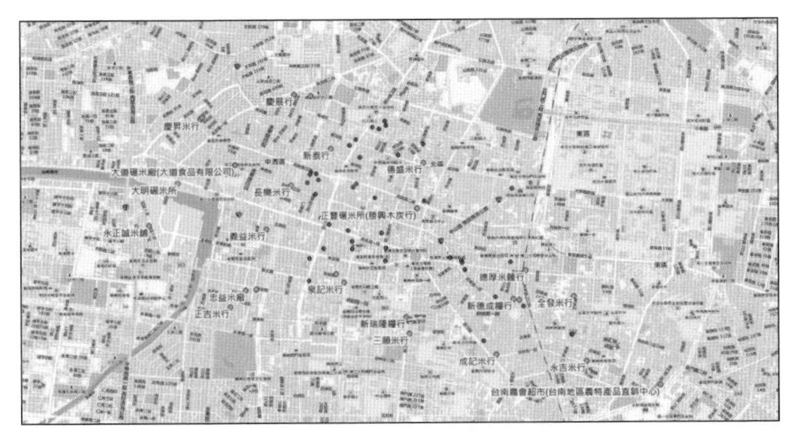

圖 50：日治時期與當代米店位置對照。

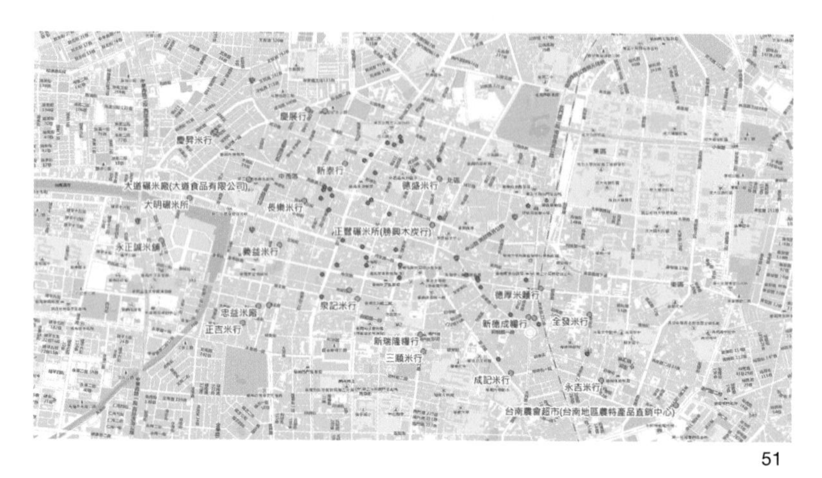

51

圖 51：日治時期與當代米店位置對照。

說明：本書繪製。深綠色是 1934 年的米店位置、淺綠色是 2015 年古都基金會調查的米店位置。

第四章

米歷史．米粒事

談米的歷史，呈現米糧的歷史發展脈絡、空間演變關係、相關政策，乃至於與生命禮俗／歲時節慶／宗教祭祀等關係會是主要關注。但在訪調過程中，那些出自米糧行老闆口中，屬於其日常生活部分——生活習慣、信仰、經驗、器物，這些如同米粒般大小的故事，其實才是串聯了世代傳承，卻不見於「大歷史」的敘事。本章欲收錄的，就是這些由米糧行出品，如同米粒般大小的日常生活史。

1. 守護神

「凡居臺灣之漢人，其主要生計在農作，故如其耕耤典禮，自雍正五年以來即在臺灣舉行，以一地方性之儀例而言，似極為莊重。而臺灣府之先農壇，係建在府城外東郊之長興里。」[1]這段伊能嘉矩在《臺灣文化誌》的敘述，說明了兩件事：一是農作之於在臺漢人的重要性，二是府城東郊長興里有一官設的先農壇，於此舉行耕耤典禮。而典禮的內容是如何呢？根據《重修福建臺灣府志》載：「祭日，巡臺滿漢御史、總鎮、

1 伊能嘉矩，〈耕耤之典禮與祈雨〉，《臺灣文化誌》中卷（南投：國史館臺灣文獻館，2011），頁266。

巡道、知府，率所屬俱穿朝服到壇。……午時，行耕耤禮。知府秉耒、佐貳執青箱、知縣播種；外州、縣正印官秉耒、佐貳執青箱播種。如無所屬之員，即選擇耆老執箱播種。行耕時，耆老一人牽牛、農夫二人扶犁，九推九返。農夫終畝耕畢，各官率屬暨耆老、農夫望闕謝恩，行三跪九叩禮。」[2]這是官方祭祀農業之神「先農」的儀禮。

相較於官祀祭典注重儀式性，民間自發性的祭祀儀禮，則以人的活動聚集地開展，府城有兩間廟宇即與米的從業者特別有淵源，一是小北大街的「神農殿」，二是米街的「廣安宮」。前者以神農大帝（五穀先帝）為主神，至今在廟內裡仍能找到米行、碾米廠的信仰痕跡，其壁畫、門神也與米穀有關；後者奉祀火王爺（馬明尊王），為清代米街上白米店信仰的見證。

■神農殿

神農殿位於長北街，主祀神農大帝，又稱五穀先帝，為農業的守護神。在清代，人們會從善化、安定、學甲、北門、將軍等地，載運著農產品（多為五穀雜糧），沿著牛車路來到府城販賣。千里迢迢來到府城後，進入小北門，就近擇地於城門附近的空地，形成米穀交易的集市——「豆仔市」。

2 劉良壁，〈卷九 典禮（祠祀附）〉，《重修福建臺灣府志》（臺北：臺灣銀行經濟研究室，1961），頁 252-253。

圖 51：神農殿老照片（1954 年），前為昔日作為「豆仔市」的空地（李茂德里長提供）。

圖 52：神農殿老照片（1981 年）（李茂德里長提供）。

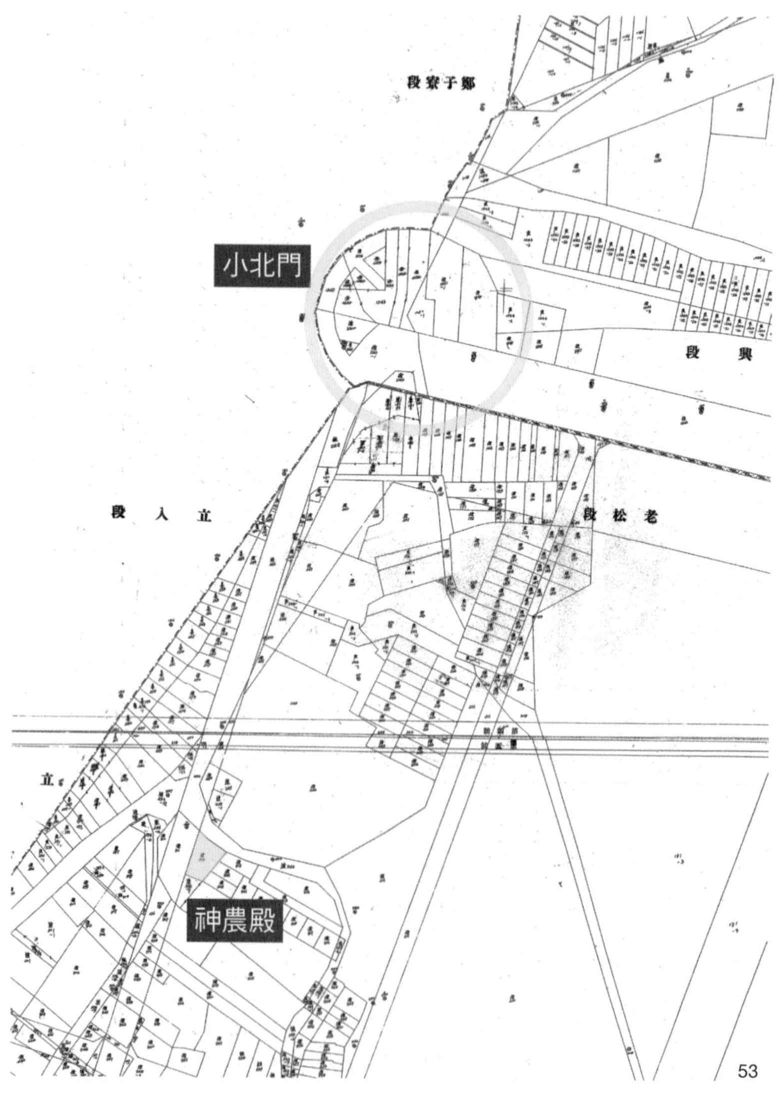

圖 53：神農殿與小北門位置。（資料來源：中央研究院地理資訊科學研究專題中心、內政部國土測繪中心。）

這些販售五穀雜糧的攤販，在每年五穀先帝誕辰（農曆四月二十六日）前，都會從鄉下恭請泥塑「五穀王」金身，來到「豆仔市」前擺設香案，接受販賣五穀雜糧或農產品的信眾膜拜，祈求生意興隆與闔家平安。後由於年復一年的兩地往返不易，且擔心神像在運送過程中有折損，因此信眾決議租用位於豆仔市的一處民房，作為五穀王的行館，並再請雕刻師傅用樟木雕塑一尊五穀王金身，共同接受信眾的奉祀。數十年後，於清咸豐7年（1857）再共同集資蓋了「五穀王廟」，即「神農殿」前身。進入日治時期後，豆仔市市集沒落，五穀王廟無人管理，日昭和6年（1931）境眾發起修葺過一次，1954年再發起重建，同時改名「神農殿」，五穀先帝神名也改名神農大帝。[3]

現今的神農殿為1988年重修後的廟貌，主祀神神農大帝未著神衣，神像袒露胸膛，以樹葉為衣褲，手持金黃稻穗。廟宇明間的門神為神荼鬱壘，次間的門神為二十四節氣，符合農業之神主掌節氣的形象，皆為少見的木雕門神。牆面則有府城彩繪名師蔡草如的石板壁畫作品，畫作的內容就是當年小北門邊的米穀市集場景，留下了清代「豆仔市」之名的由來。廟內的龍柱、石雕壁堵、木雕窗櫺等藝品，敬獻者多為米行、碾米廠的經營者，甚至可見直接以米行、碾米廠為名義敬獻。

3　參考自李茂德，〈神農先帝聖歷暨神農殿廟誌、沿革〉，未出版。

圖 54：木雕二十四節氣門神。

圖 55：神農大帝塑像。

圖 56：昔日小北門邊的米穀市集場景，為畫師蔡草如的石板壁畫作品（原作雕於青色石板上，為使畫面清晰，經影像軟體後製如圖）。

圖 57、圖 58：米行、碾米所敬獻之廟宇藝品。

圖 59：2019 年臺南市米穀商業同業公會會長偕同會員團拜。

圖 60：神農誕辰舉行祝壽。

時至今日，神農大帝仍是許多做米人的精神信仰。至今每逢農曆四月二十六日神農誕辰，農糧署與米穀同業公會皆會率眾參拜，祈求風調雨順、五穀豐登，晚上則會聚集在廟前吃平安宴，為持續多年的傳統。不僅是百年來的精神信仰中心，神農殿也是府城米糧歷史活著的立體教科書。

【神農殿】
地址：臺南市北區長北街 192 號（寶町二丁目 87 番地）
電話：062217182
特色：木雕二十四節氣門神、蔡草如石雕壁畫

■廣安宮

廣安宮創建於清雍正元年（1723），位於米街，主祀池府王爺，並合祀「邢、金、何、馬」王爺，稱「五府千歲」。其中馬王爺（馬明尊王）又稱火王爺，原祀於米街旁的粟埕，廟名「祝融殿」，俗稱「火王爺館」，日治時期的土地臺帳登載位置為西門町二丁目 50 番地，在日昭和 20 年（1945）廟宇因空襲炸毀，而移祀於廣安宮至今。

「粟埕」顧名思義為曝曬稻穀的地方，據說會祭祀火王爺，是因米街上的白米店為求太陽能夠大一點，使得穀物早點曬乾，以便進行去穀皮的工作。祝融殿雖已不存，但馬王爺的神像與廟宇的聖旨牌皆保存於廣安宮，是米街上的白米店信仰留下的痕跡。

圖 61：馬明尊王（火王爺）神像，持「日」、「月」牌。

【廣安宮】
地址：臺南市中西區民族路二段 230 號
電話：062266315
特色：火王爺神像、祝融殿聖旨牌

2. 做米的人不吃牛

「牛每天都為辛苦的為我們耕田，因此農夫們認為殺牛是一件很不人道的事情。當牛要被牽住前往屠宰場的途中，我們都可以看到牛快要掉淚的悲傷眼神。」——國分直一，〈村落的歷史與生活—以中壢臺地的「湖口」為中心〉[4]

4　國分直一，〈村落的歷史與生活—以中壢臺地的「湖口」為中心〉，《民俗臺灣》第六輯（臺北：武陵出版，1991（昭和 19 年）），頁 113。

談起與米糧業密切相關的動物，牛的重要性絕對是排行第一。「水牛犁田，黃牛拉車」，從耕作到運輸，都少不了牛的協助。在農村裡，水牛負責水田的整地工程，包含犁田、耙田、耖田、碌碡四個步驟；黃牛負責旱園的翻土和施肥培土，此外還要揹負農具、收成的作物。農村的傳統民居兩側都會規劃牛舍，牛隻與人的生活非常親近，如同家人一般，甚至在冬至吃「圓仔」時，也不忘用碗裝一兩粒圓仔供在牛舍，以表示一年來的感謝。

在城市裡，黃牛配上一臺牛車，就是人們遠行、貨物搬運的載運工具，俗諺「無轎坐牛車」即揭示了牛車是屬於常民的交通工具。以府城為故事背景的作家葉石濤，在小說〈收田租〉一文中，寫下了搭乘牛車的場景：「五月的某天看準了第一季稻米收成，我康淑姑就雇了一臺阿平伯的牛車，浩浩蕩蕩踏上收田租的征途。……阿平伯的黃牛是一隻攙有印度白牛血統的老牛。老牛破車，從府城一直要拖到大目降（新化）幾乎花了半天多的時間。天氣相當炎熱，還好牛車上覆蓋著竹蓬子聊以遮陽。」[5]故事場景為戰後初年，可知作為載運工具的牛車，由清代以前，一路使用到日治、戰後。

5　葉石濤，〈收田租〉，《紅鞋子》（高雄：春暉出版社，2000），頁 7-8。

圖 62：臺南火車站前的牛車。（圖片來源：國家圖書館。）

而到了今天，仍有許多府城的老米行老闆，存在著牛車的記憶。「牛車就像今天的計程車，都是草地人（鄉下人）在飼養，平常在火車站附近排班，當載米的火車來以後，就用牛車送到各米行，就連到安平也是用牛車。」南門路三順米行的粘老闆這麼比喻。在一貫式的大型碾米廠還沒出現前、卡車也還很少的時代，市區米行販售的米穀，是在產地碾製為糙米後，坐火車來到臺南火車站，再由牛車送貨到米行。作為貨運，牛車不僅有專用的車號號碼牌，甚至須課徵「獸力車牌照稅」（1971 年廢止），從 1950 年制定的一張「臺南市扶價牛車價格一覽表」[6]，則可看到公文明訂八小時的牛車費用為 32 元，扶工為 8 元，皆顯示了牛隻是正式的運輸工具。米糧為民生主食，肩負載運米穀任務的牛隻，更是米糧業的重要夥伴，所以米行老闆會說「做米的人不吃牛」。

牛車的使用，一直要到了 1960 年代裝鐵牛引擎三輪貨車（俗稱「鐵牛車」）的普及後才逐漸被取代。[7] 儘管牛車已不在路上行走，然而牛隻與「做米人」無形的夥伴關係，卻是在某些米行老闆的身上延續著。

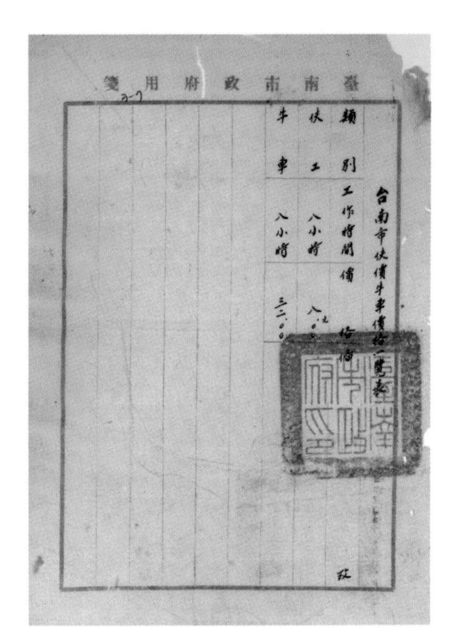
臺南市政府用箋

台南市伕價牛車價格一覽表

類別	工作時間	價格
伕工	八小時	八.00
牛車	八小時	三二.00

圖 63：臺南市伕價牛車價格一覽表。（圖片來源：國史館臺灣文獻館。）

6 「電送臺南市伕價牛車價格乙覽表請察核由」（1950 年 08 月 10 日），〈本省縣市各級民眾反共自衛隊編組規程〉，《臺灣省級機關檔案》，國史館臺灣文獻館（原件：臺灣省政府），典藏號 0040121008741011。

7 省府委員會議檔案（會議序號：00502007114）：「黃杰主席：高雄市淘汰牛車問題，該市獸運公會請求以港口之小拖車業務撥交承辦為淘汰牛車條件，小拖車係屬棧埠作業範圍自無法同意。查基隆市牛車 186 輛，已由市政府決定以一部三輪機器貨車換二部牛車悉予淘汰，似可仿行之，希建設廳、交通處、警務處組織專案小組協助高雄市政府辦理。」日期：1967-03-06。

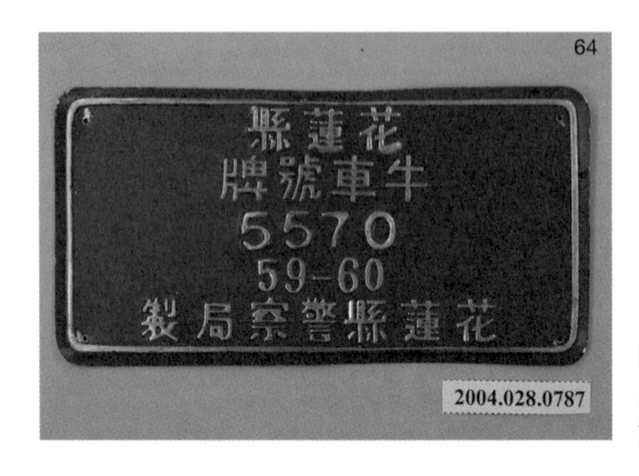

圖 64：牛車號牌。（圖片來源：國立臺灣歷史博物館。）

3. 無聲的力量

「光復後不久的那時代，米價行情飄忽不定，一天之內可以暴漲好幾倍，所以我手裡握了一筆錢就趕緊去買米。只要有米，一切就好辦，餓不死人的。」——葉石濤，〈紅鞋子〉[8]

在稻米產量過剩已非新聞、走入超市賣場就能隨手帶回一包米回家的當代社會，很難想像「米」曾被一輩人視為維生的基本單位，家裡的米缸必須有米才能安心，才有辦法活下去。

對於「沒有米」的恐懼源頭，或許是從日治末期的糧食管制為始。自日昭和 15 年（1940）第一期米開始，臺灣總督府依據〈米穀配給統治規則〉（1939 年頒布），米穀由政府管

8　葉石濤，《紅鞋子》，頁 222。

理其配給與流通，隨著戰事的膠著與空襲頻繁，米穀的取得不易，振香居餅舖的第三代陳淑枝女士回憶道，「戰爭的時候就沒辦法拿米，那時候已經是空襲的時代了，因我家做餅店的關係，還買得到米。但有一次我媽媽煮白飯，被警察聞到了，問：『妳的米哪裡來的？大家都沒有米可以吃，妳怎麼有米可以吃？』接著媽媽被警察打了一頓。」做餅店的人家還有辦法弄到米，但一般人家可就沒這麼幸運了。陳女士的先生，小時候家裡是開柑仔店的，因遇到空襲原料無法進來，柑仔店的規模小，申請不到米，不僅沒辦法做生意，連吃飯都有了困難。在這樣艱困的時刻，伸出援手的，是米行。時隔七十年，郭老先生猶記得：「現在青年路和民權路交叉口一帶有一間老米行，經營者喚『大粒』，姓吳。[9] 其妻人家都叫她『大粒嬸』，為人很慈悲，戰爭的時候我還在當學生，家裡窮，大粒嬸就曾贊助我們家白米。人家都笑她傻呀，米丟進運河裡還有聲音，送給人家什麼都沒有。」米送給人雖然無聲無息，但卻被記憶了超過半個世紀。

大粒嬸的故事不是時代的特例。第二次世界大戰結束，人民吃飽喝足的太平時代卻還未來臨。戰後初期的「米荒」，作為基本物資的米仍有許多人家吃不起，位於開山路的「成記米

9 查閱 1934 年《臺南市商工案內》，確實有經營者名「吳大粒」，其開設的米店為「大進精米工場」，位於高砂町一丁目 88 番地。

行」，老闆許水體諒大家生活辛苦，讓九成以上的家庭可以「欠米」——先拿米回家，有錢再還，甚至無償供應兩三戶付不起米錢的鄰居二十多年，直到對方的孩子長大成人。位於北門路的「德成糧行」定時會送上百包的米給育幼院；位於後壁的「義昌碾米廠」子女也提到，母親不僅捐米給鄰近的教養院、育幼院，逢年過節也會吩咐子女載幾斗米給需要的人家。

儘管今日社會看似富足，做米這一行也不若以往風光，但舊的風俗延續到今天，仍有米行默默在門口掛上「待用米」的牌子，不需出示資格證明，有需要即可領取。或著在廟會普度活動的會場，仍有米行與廟方合作供應「自強米」給需要的團體與家庭。從缺米的時代到今日，許多米行一直都在民間給予社會安定的力量。

4. 米是替代貨幣

「臺灣真的變得糟糕啦。光復後，同胞們失業且挨餓著。」

「米一斤十幾元，糖一斤三十幾元，作夢都想不到的。」——龍瑛宗，〈可悲的鬼〉[10]

10 陳萬益主編，《龍瑛宗全集 中文卷第二冊 小說集（2）》（臺南：國家臺灣文學館籌備處，2006），頁220。（原題〈哀しき鬼〉，刊登於《中華日報》日文版文藝欄，1946年10月13日）

圖 65：米行前的待用米黑板。

圖 66：廟會活動由信眾捐贈的自強米。

過往在許多歷史的教科書上，或從長輩的口中，常常可以聽到「4 萬元舊臺幣兌換新臺幣 1 元」的故事，因戰後初期國民政府不當的金融管制政策，使得貨幣惡性通貨膨脹，從 1945 年初至 1950 年底，短短五年間臺灣的躉售物價指數 [11] 上升了 218，455.7 倍 [12]，在外吃一碗麵要好幾萬元，買一瓶醬油

11　躉售物價指數，或稱批發物價指數是通貨膨脹測定指標的一種，是討論通貨膨脹時，最常提及的三種物價指數之一。

12　吳聰敏，〈臺灣戰後的惡性物價膨脹（1945-1950）〉，《國史館學術集刊》（南投：國史館臺灣文獻館，2006），頁 1。

要九千元，罐頭更要上萬元起跳，也迫使國民政府不得不在1949年6月實施幣制改革，以四萬元舊臺幣兌換一元新臺幣。

在這樣的物價波動的年代，與其信任鈔票帶來的價值，能填飽肚子的米更為重要。根據三順米行的粘老闆回憶，當時許多交易都是以米來計算的，例如租房子。當時如果要租一間店面，通常會和屋主談一個月幾石米（一石米＝十斗米＝約84公斤）作為房租，交房租就是交米；而工人的一日工資，大約是一斗米[13]，每天領多少工資，就是看當日一斗米的米價多少，並不是固定的，而是以能買到一斗米的價錢為準。由於固定的工資、房租，都容易隨著物價波動，只有米不會，一斗米就是一斗米，能真實地滿足生活的基本所需，加上當時都是以三代同堂的家庭居多，食米的需求很大，因此大家都是有錢就買米回家，一次買個十斗米也不稀奇，甚至會屯上一兩個月的量在家，不怕米生米蟲，只怕家裡沒有米。

5. 買米演化史

現代人如果要買米，選擇不少。最常見的是到超市、量販店、便利商店等賣場，有人選擇網路商店宅配到家；注重產地與友善環境性的，可以選擇去小農市集、友善商店；也有人還

13　斗是早期米的計量單位，各地區的「斗」容量都不同，臺南地區一斗為14斤（約8.4公斤），嘉義高雄是一斗11斤半（約6.9公斤）。

是習慣上米行秤斤論兩地買。總之，賣米的場所多元，甚至在加油站也能拎一包米回家。然而時空退回幾十年前，買米可不像今天這麼簡單。

「以前不是每個人家裡都有電話，如果要買米，會寫明信片過來叫米，信上就寫某日某時請米行送多少米到家裡。」德盛米行的蔡老闆這麼說。用明信片叫米，在今天聽起來可以說是前所未聞，一來一往就要花上好幾天的時間，但卻是以前人慣習的米糧買賣方式。現代人吃米的量少，多以小家庭為主，一次買米少超過三公斤，通常是自己上門購買。但在早期多為三代同堂的大家庭，一個月最多可是能吃到十斗米，這麼大的量，當然得請米行親送到家。因此住的近的人，直接上米行叫米；住的遠的，就打電話或寄明信片。米行接到客人的需求後，依照米量的多寡，選擇用扁擔、腳踏車或板車載米送過去，有時也會把米盛滿「斗」後直接外送。當時許多的米行都會選擇開在市場附近，或是乾脆在市場裡租一個店面，這樣顧客到市場買菜時，就可以順道叫米。

除了請米行外送到家，也可以在路上和騎腳踏車載著米的販仔購買。德盛米行就保有一個日本時代昭和 10 年的米籃（bí-nâ），把米裝滿米籃後，帶到市場或是沿街販賣，買的人通常以篋仔（kheh-á）[14] 為單位，看一次需要幾篋仔，就從米

14　篋仔（kheh-á）為裝米的容器，約 2 斤半（1500 克）。

籃裡取出相應的米，裝入篋仔，這是少量米的購買方式。

隨著電話的普及，叫米不再需要寫明信片或是親自上門，一通電話就能親送到指定的地方。當家庭結構從大家庭轉變為小家庭，外食族群增加，米行送米的對象也從家庭轉變為餐飲業者，運輸工具也從人力、獸力，改為機車、卡車，車上載的不是「斗」，而是一袋三十公斤的營業用米。買米方式的演化，也是日常中活生生上演的歷史。

圖 67：德盛米行的米籃（bí-nâ）正面。（圖片來源：翻攝自德盛米行蔡老闆的手機。）

圖 68：德盛米行的米籃（bí-nâ）打開。（圖片來源：翻攝自德盛米行蔡老闆的手機。）

圖 69：篋仔（kheh-á）。

圖 70：現代大多以機車為載米工具。

圖 71：長途運輸或量大時使用卡車載米。

6. 米袋小考

根據統計，1967 年，臺灣人的食米量達到最高峰，平均一人一年可以吃到 141 公斤，平均一天吃上近五碗飯，在此之後吃的米則逐漸下降；相反的，稻穀的產量卻是逐年上升，並在九年後（1976 年）達到了歷來未曾有過的 3,423,450 公噸[15]。米越種越多，國人的米飯卻越吃越少，因應這樣的現象，1982 年糧食局開始推動小包裝米（袋裝十公斤以下，方便攜帶的白米）與分級銷售制度（依品質分特級、一級、標準級），

15　參考行政院農業委員會農業資料統計查詢之「每人每年純糧食供給量（1952-2017）」、「稻米產量（1961-2017）」，查詢網址：https：//agrstat.coa.gov.tw/sdweb/public/inquiry/InquireAdvance.aspx。相關數據請參閱附錄一、附錄二。

一方面迎合少量的購買需求，二方面希望藉由在米袋上的資訊標示、米質的等級區分，能讓大家吃米的習慣，能由「吃得飽」轉為「吃得巧」。這也就是為什麼，在各個老米行的店頭，總能看見充滿古樸設計的自家製米袋的原因。

這些米袋的重量從一公斤到十公斤不等，若是擺在店門口，方便散客上門拿取的，大多在三公斤以下。許多米行的米袋樣式，從 1980 年代後就沒換過，透過有著三十年以上歷史的設計，則能窺見當時代流行的風格。由於米袋代表著一間米

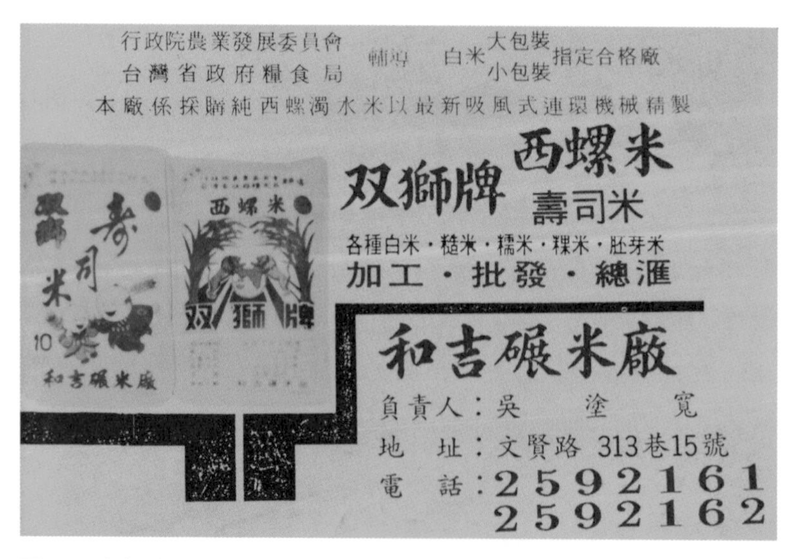

圖 72：米商刊登的廣告，特別強調為「白米小包裝」指定合格廠，且展示了自家米袋。

行的品牌，由此間米行出品，也因此米袋上會有著店家向中央標準局申請的註冊商標，品牌名稱則多由店名做延伸，如正豐碾米所的「勝豐牌」、德盛米行的「禾盛牌」，並有著專屬的 LOGO。

米袋上的設計則各異其趣，有些寫上「三好一公道・新米香軟 Q」、「美味可口・營養豐富」等標語，增進消費者的第一印象；有些則以插圖取勝，請人畫上的稻穗、白飯、壽司，甚至是揮舞著稻穗的日本小童，模樣可愛。最後再加上「特選

圖 73：正豐碾米所「勝豐牌」米袋。

圖 74：永正誠米行自家米袋。

品」、「西螺原裝」、「特級壽司米」等掛保證之語。

米袋的背面，則多半附有米種的介紹——來自什麼樣的產地、碾製過程所使用的機器，並貼心地附上米飯的烹煮步驟，如何洗米、加水、浸泡、烹煮、燜飯、攪鬆，皆有詳解。除此之外，當然還有糧食局規定附上的資訊，如需註明水份、損被害粒、碎粒、夾雜物等的「品質規格表」，以及品名、產地、重量、有效日期等基本資訊。這些內容的閱讀對象，則預設為「敬愛賢明的主婦」、「敬愛的家庭主婦」，從這點也能看見當時認定家中的飲食主掌者。

現代由於大型碾米廠興起，部分米行改由向米廠進貨營業用米（30-35 公斤）或是米廠的小包裝米，並直接供應給需要的客戶，不再買米後另行使用自家米袋分裝；且隨著老米行一間間地關門，也使得自家製的米袋越來越難見於市面。

這些最遠可追溯回 1980 年代的米袋，是市區米行、碾米廠曾有過輝煌年代的見證，在米行數量越來越少的今天，若有機會走訪老米行，別忘了留神找找專屬的米袋，請老闆用自家製的米袋，買一袋米回家。

圖 75：三新碾米所的自家米袋。

圖 76：德盛米行的「禾盛牌」米袋。

圖 77：永吉米行的「禾本之家」米袋，是少數於近年重新設計的自家米袋。

圖 78：協豐米行無自製米袋，以貼紙代替。

第五章

做米的人

作家林立青在《做工的人》一書中，寫下在工地現場，他所看見做工者的生命紀實故事。而在街頭巷尾，往往一開就是三十年以上，與我們日常吃食息息相關的米行，在這一爿不大的店面裡，裡面的頭家與米共處了大半輩子，甚至有些人三代都靠米養活，以米維生，以米終老。這些「做米人」，他們承襲著上一輩傳承下來的信仰，以神農為行業的守護神；在運輸工具早已日新月異的今天，仍不忘早年米糧業的運輸夥伴，以不吃牛做為回饋的身體力行。從行業衍伸出了特殊的米食信仰和文化。

而將眼光投入故事發生的場景，彷彿時光倒流的老米行內，佝僂的身體是米透過時光與重量留下的痕跡；一雙滑過千萬粒白米的手，能精準地辨別米種和風味，並適時給予煮食者建議；在社會看不到的角落，以一袋袋的白米提供生活的基本援助。做米的人和他們賴以維生的白米一樣，是少常被投以關注的日常所需。接下來讓我們以一間間米行為引，看見店裡做米的人，以及做米的故事。

第一節　中西區

1. 三順米行

地址：臺南市中西區南門路 107 號

電話：06-2229710

創立時間：1949 年

經營現況：開業中

負責人：粘文賓（第一代）、粘明山（第二代）

特色：販售池上鄉農會的池上米、老秤臺一臺

三順米行位於南門路上，隔壁有一老木炭行（順成炭行）比鄰，在整條皆已改裝成新式店面的馬路上，老米行與老炭行顯得特別明顯，依舊保持著古早的販售型態——沒有斗大的招牌與照明，有的是成堆的米袋與木炭、便於拆卸的鐵捲門與木門，以及溫潤的人情。

現任經營者粘老闆為第二代，他表示父親於戰後初期開始賣米，身為鄉下人，早期因為賣米生意最好，才選擇做米行，傳承至今已超過七十年歷史。

走進現在的三順米行，店面僅做包裝米販售，也可秤斤論兩地買散裝米，並兼賣五穀雜糧、關廟麵、麵線等。但在早年米業生態改變前，三順米行可是有自己的碾米機，進行加工後

才販售。粘老闆表示，過去都是騎著三輪車，到成功路的碾米廠「朝陽商行」（現已歇業）載糙米，再回來用自家的碾米機製成白米。隨著 1980 年代後，鄉間大型碾米廠陸續出現，可「一條龍」式地製米，包含稻穀碾製（從糙米到白米）與包裝，自行進貨、碾製糙米的效率與成本，已不敵直接進貨包裝好的白米；除此之外，新型碾米機碾製的白米品質，較傳統木製碾米機好，米粒較少斷裂、雜質量也少。加上店面位於市區，碾米時的噪音也不時會引來鄰居抱怨，因此在 1990 年前後因應時勢，將自家的碾米機拆除，只向經銷商進米零售。臺南市區許多米行也都是在差不多的時候拆除小型碾米機。

三順米行現以臺灣米零售為主，原產地多來自臺東、臺南、雲林，販售的種類包含關山農會出品關農米、池上鄉農會出品的池上米、黑米，以及後壁的上水香米、上水胚芽米等，顧客多是想吃好米的小家庭、老客人，也因此店裡販售的米都至少是二等米以上。但在量販店、連鎖商店的影響下，老闆坦言近年來買米的散客越來越少，因此也進貨五穀雜糧、關廟麵等，服務客人一次買齊的需求，也加減賺一些零頭。

訪談的過程中，常有主婦上門買米，或是中年男性騎著摩托車喊要幾斤米，由老闆秤好後送上車（如同米的得來速）。雖規模不若往常，但三順米行仍是老主顧多年來的習慣。隨著老闆年歲增加，米行未來是否會繼續經營，尚未可知。

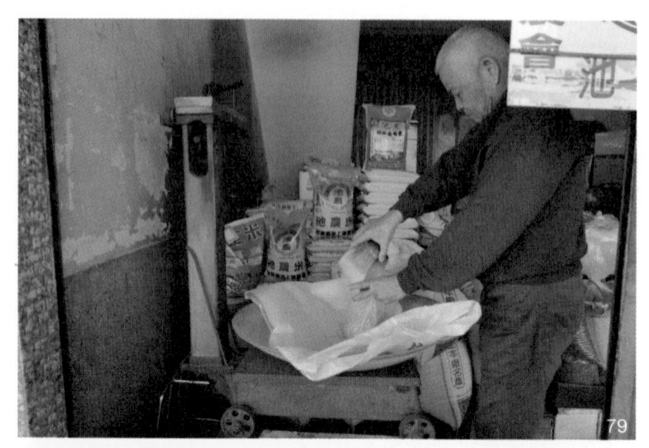

79

80

81

圖 79：三順米行粘老闆替散賣客人秤重。

圖 80：店內除了賣米外也販售關廟麵、五穀雜糧，方便客人一次購齊所需。

圖 81：貼有中央標準局標章的臺秤，老米行都有一臺。

圖 82：（左）老闆以洗衣粉罐自製的裝米器具，盛滿約 1 斤。（右）白鐵製裝米器具，盛滿約 1.5 公斤。

圖 83：店內早期會使用麵粉袋計量，裝滿就是兩斗。改為重量計價後已無使用。

2. 泉記米行

地址：臺南市中西區永福路二段 31 號

電話：06-2226390

創立時間：1969 年以前

經營現況：開業中

負責人：魏蔡春月、魏來走

特色：狀元粿

泉記米行開業至今超過五十年，是臺南米行界的老前輩。但在業界之外，老米行同樣也有著廣為人知的名聲，來自於米行販售的古早味小點心——狀元粿。

老闆蔡女士，現年 80 歲，娘家經營米行，從 8 歲就開始幫忙家裡賣米。長大後嫁給賣木炭的先生，共同經營米行與木炭行，打趣自稱「一黑一白」。早年許多老店會兼營米與木炭，如臺南蕃薯崎的正豐碾米所、鹽水三菱商行，或是米行與木炭行相鄰，如南門路上的三順米行與順成炭行。因白米與木炭皆為重要的民生用品，也因此會有一起賣或是聚集的現象。

無論任何時候經過泉記米行，小小的店面都疊滿了高高的米袋，顯示生意頗佳。好生意一方面來自勤奮的經營，米行一天開店十個小時，以便客人早中晚都可以買得到米；二方面來自有品質保證的白米。泉記所販售的米，大多來自雲林西螺地區，因對米的品質控管要求，都會親自去中部的碾米廠現場試吃批貨，確認沒問題才進貨回來賣。至於臺南在地的米也有進，不過量不多。

除了白米批發零售外，店內另一項知名商品則是「狀元粿」，是從三十多年前開始販賣，純米製作的古早味點心，曾被美食節目報導，吸引許多人來臺南旅遊時特地造訪。根據店內的介紹，狀元粿為清朝時的落榜書生，為了留在北京準備來年的考試，想出以米磨成細粉，放在竹筒內蒸成粿的小點心來販售，因他後來順利考取狀元，小點心也因此得名「狀元粿」。泉記本業為米行，原料取得方便，但過程相當費工，須先將米淘洗磨成漿，瀝乾後再磨成米粉。製作時將米粉倒入木製容器，以高溫炊蒸，再加入花生粉或芝麻粉，米粉會由粉狀變成 Q 彈的塊狀。彈牙甜甜的口感，是許多人小時候的回憶。走過五十載，老米行除了賣米，也用小點心打出了另一片天。

圖 84：泉記米行招牌。

圖 85：米行門前現點現做的狀元粿。

圖 86：龍眼木製的狀元粿炊蒸道具。

圖 87：狀元粿製作順序 1：將米粉盛入器具中。

圖 88：狀元粿製作順序 2：將花生粉／芝麻粉也舀入器具中，插上爐具炊蒸。

圖 89：狀元粿製作順序 3：等待一段時間（30 秒內）即可將狀元粿脫出。

圖 90：粿的反面如同狀元帽。

圖 91：左：芝麻狀元粿，右：花生狀元粿。

3. 成記米行

地址：臺南市中西區開山路 235 巷 10 號

電話：06-2137582、06-2147488

創立時間：1946 年以前

經營現況：開業中

負責人：許水（第一代）、許文豐（第二代）

特色：開業超過七十年的元老級米行

成記米行位於開山路 235 巷內，招牌低調地掛在騎樓，若非特別留意，還不易察覺這裡就有間老米店。根據店主許老闆表示，米行會選在這裡開業，是因為在樹林街拓寬前，這裡是直達東門圓環的交通幹道[1]，隔壁是麵粉廠、麥芽糖工廠、小吃店，相當熱鬧。

米行傳承兩代，現由第一代許水、第二代許文豐共同經營，已有七十年以上的歷史。許水老闆出生於日昭和 5 年（1930），自 14 歲便開始進入米糧產業，起初在一間大型碾米工廠工作，擔任廠長，但因該米廠的待遇不足以支撐家計，故借貸兩萬，向親戚頂下米行，自行開業。

成記米行原本兼營碾米與批發，對面的平房買下來做米

1 1948 年此地為復興路，銜接圓環與開山路。

倉，店面後方是碾米的地方（現「紅樹林髮型沙龍」），事業經營不小。許文豐回憶，在1970-1980年代，米業的興盛時期，臺南約有五百間米店。那是還沒有大賣場的時候，「家庭代工廠」盛行，人人都在家裡從事加工業，工作、吃飯都在家裡，因此吃米的量很大。週一到週五，整條路上都像空城一樣，路上只有送米和送瓦斯的人，沒有其他人車。當時米行賣米的方式，是顧客打電話叫米，由米行親送到家，他經常騎著摩托車，不間斷地從早上八點送到晚上七點，有時候同一條街一天要送七次米。

這樣的盛況隨著大賣場出現、飲食習慣改變（外食、麵食族群增加），加上後代不一定願意傳承，許多米行紛紛關門。慶幸的是，因為覺察到時代轉變，成記米行很早就開始開發小吃店、自助餐等客戶，加上下一代有人接棒經營，故在今天仍有穩定的客源，而存活了下來。若是僅經營零售給小家庭的米行，則難以生存，近年來則倒了八成。

現在的成記米行以米糧批發為主力，也進行少量零售，為了做出產品區隔，只進品質較好的米。店內的米皆為臺灣本產，來自西螺、白河、花東米，也有糯米，但不賣便宜的進口米。除了專業上的堅持，成記米行數十年來默默為社會提供的支援，或許也是造就老店屹立不搖的原因。在早年許多家庭吃不起白米的時代，許水老闆體諒大家生活辛苦，讓大家能「欠米」——先拿米回家，有錢再還，當時有九成以上的客戶都是要先欠米的。甚至有兩三戶鄰居付不起米錢，許水老闆還無償供應，供應了二十多年，直到對方的孩子長大成人。因為這樣的事蹟，讓成記米行的名聲口耳相傳，客戶都會互相介紹。

開業七十餘年，成記米行見證了臺灣米糧史的各種轉變：市區礱米廠的消失、糧區管制、戰備糧制度、米糧行數量銳減……。在樸素的店面之下，蘊含的是一間米行與城市發展史間看不見的緊密關聯。

圖 92：成記米行招牌。

圖 93：秤臺與 nńg-kám（裝米的白色盤子，材質是軟塑膠，裝滿大概 1 公斤，可卷起直接裝進米袋）。

圖 94：早年裝米都是用麵粉袋（布製材質）。

圖 95：店內保有一臺小型碾米機整理舊米用。

4. 正豐碾米所

地址：臺南市中西區忠義路二段 158 巷 72 號

電話：06-2265385

創立時間：1970 年以前

經營現況：營業中

負責人：歐根（第一代）、歐炳崑（第二代）、歐勝欽（第三代）、歐錫憲（第四代）

特色：木炭行兼營米行

正豐碾米所位民族路、公園路兩條路交叉的巷子裡，古地名「番薯崎」，形容地勢像番薯一樣曲曲折折。碾米所就在上坡處，四周被木炭、米袋堆滿，抬頭會看見已被鏽蝕的鐵製招牌，「正豐碾米所」為手寫楷體字（下方還塗了「勝興木炭行」小字），一看便知貨真價實是老店。

一進門，負責人歐勝欽老闆就提問：「猜猜看，木炭行跟米行，哪一間比較老？」，公布答案後才知道，木炭行竟然已是百年老店，從日治時期就開始賣了！從日昭和 9 年（1934）的《臺南市商工案內》，可以看到名為「丸山」的炭商，店主歐根，即為現在老闆的祖父。歷史悠久的木炭行，之所以現在的經營以米店為主，則是因為瓦斯逐漸普及，取代了木炭。為了減少木炭產業受到的衝擊，當時政府優先提供瓦斯的販售

圖 96：正豐碾米所店面，鐵門上有五十年以上的老招牌（現已重塗）。

執照給原先經營木炭行的店家，但歐老闆的父親擔心瓦斯不安全、容易釀成事故，考慮之下，決定不改賣瓦斯，也就一直經營木炭行到今天。

但單靠賣木炭不足以支撐家計，也就有了米行的出現。歐老闆自軍中退伍後，為了改善家裡生意，開始經營碾米廠，以碾米、白米批發為主，木炭為輔。歐老闆觀察，臺南人不愛吃糙米，所以只販售白米。畸零的店面空間，曾塞下一臺木製的碾米機。但碾米廠的經營還不到二十年，1983 年蘇南成擔任市長期間，開始實施噪音管制條例，碾米機運作的聲音過大，

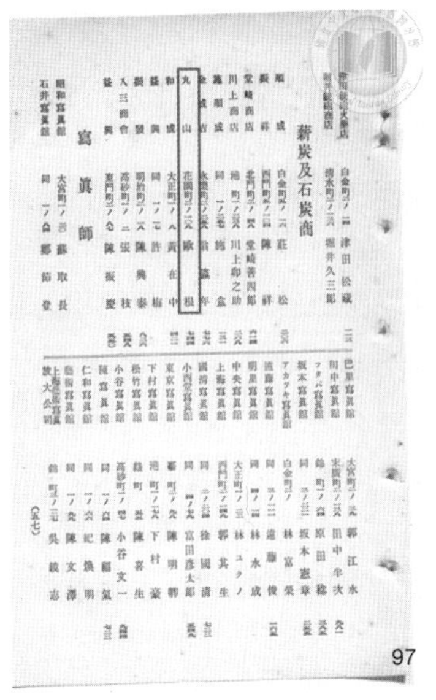

薪炭及石炭商

順成 白金町五ノ[illegible] 莊松
振祥 西門町五ノ[illegible] 陳祥
堂崎商店 北門町三ノ[illegible] 堂崎善四郎
川上商店 港町二ノ[illegible] 川上卯之助
施順成 同 一ノ[illegible] 施盆
金成吉 永樂町三ノ[illegible] [illegible]
丸山 花園町三ノ[illegible] 歐根
和成 大正町二ノ八 黃在中
益興 同 一ノ[illegible] 許梅
振發 明治町二ノ[illegible] 陳興泰
入三商會 高砂町二ノ[illegible] 張枝
益興 東門町三ノ[illegible] 陳振慶

寫眞師

昭和寫眞館 大宮町二ノ[illegible] 蘇取長
石井寫眞館 同 一ノ[illegible] 鄭錦登
巴里寫眞館 大宮町二ノ[illegible] 郭江水
田中寫眞館 末廣町二ノ[illegible] 田中伴次
フタバ寫眞館 錦町二ノ[illegible] 原田稔
坂本寫眞館 同 三ノ[illegible] 坂本憲章
アカツキ寫眞館 白金町三ノ 林富榮
齋藤寫眞館 同 三ノ三 齋藤俊
明星寫眞館 同 四ノ[illegible] 林水成
中央寫眞館 大正町二ノ[illegible] 林ユタノ
上海寫眞館 西門町三ノ[illegible] 郭其生
國清寫眞館 同 三ノ[illegible] 徐國清
小西堂寫眞館 同 四ノ[illegible] 富田彥太郎
東京寫眞館 幸町二ノ[illegible] 陳明賴
下村寫眞館 港町二ノ[illegible] 下村豪
松竹寫眞館 錦町[illegible] 陳喜生
小谷寫眞館 高砂町二ノ[illegible] 小谷文一
[illegible]寫眞館 同 一ノ[illegible] 陳福氣
仁和寫眞館 同 一ノ[illegible] 紀煥明
[illegible]寫眞館 同 一ノ[illegible] 陳文澤
上海[illegible]寫眞放大公司 錦町[illegible] 吳鐵志

（五七）

97

圖 97：《臺南市商工案內》（1934 年出版）內記載之薪炭與石炭商，即記錄了木炭行的前身「丸山」。

圖 98：店面以木炭批發為主，白米零售為輔。

無法符合法規規範，因此又停止碾米，僅提供白米的零售，機器也隨之拆除。現在的經營以木炭為主，米也賣得少了。指著招牌，歐老闆一邊說：「這是整條民族路上最後一塊碾米所的招牌。」一邊也感嘆米糧產業的凋零。

現在則又回到木炭買賣為主，慶幸的是隨著露營、烤肉、燒烤店、炭烤牛排等風氣的興盛，木炭又回到生活的需求中，在第四代歐錫憲的經營之下，經營得有聲有色。從木炭行到碾米廠，再回到木炭行，可以看到小店的營生跟著時代下不停地轉變。

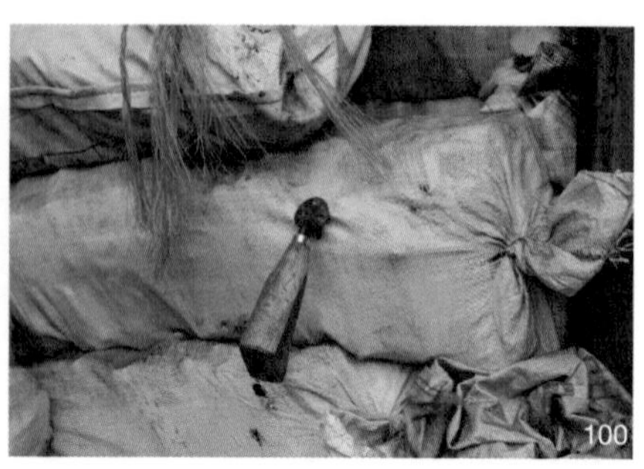

圖 99：正豐碾米廠的包裝袋，許多老米行都有設計自己的袋子。

圖 100：抓取米袋的工具（名稱不清楚），已非常少見。

備註：本書撰寫期間，店面已由第四代歐錫憲接班，以木炭行的經營為主，「正豐碾米所」的招牌已塗改為新寫的「勝興木炭行」。

5. 大明碾米所

地址：臺南市中西區民生路二段 359 號

電話：06-2250946

創立時間：1971 年

經營現況：開業中

負責人：郭四海（第一代）、郭瑞龍（第二代）

特色：仍保有木製小型碾米機

在臺南市區，很難得還有一條巷子，經過就可以聞到濃濃米香，聽著機器沉沉地作響，如同 1990 年代以前，那些伴隨許多人長大的碾米廠。這是大明碾米所，市區裡少見還保有木製碾米機的米行之一。

開業近五十年，至今傳承第二代，大明碾米所目前以批發、零售白米為主。販售的米品牌有：三好米的米食堂臺梗米、臺東關山玉豐五號米、後山皇帝米、和順牌西螺米等。由於現在自行碾米成本太高，大都改向碾米廠一包包叫米，由碾米廠開貨車送過來，大型的碾米廠（如：三好米）會有經銷商處理，量少的話甚至直接請宅急便送即可。開業多年，郭老闆感慨，以前向一家碾米廠叫米時，可以裝滿一卡車，現在要三、四家米行一起叫米，才能裝滿一卡車，從進貨量的消長，也可看見用米行的經營不易，「早期賣米生意好的時候，公會會員有一千多人，現在只剩下一百人左右。」老闆補充。至於店內現存的木製碾米機，雖仍可運作，但碾米已不是主要業務，碾米機的用途主要是整理舊米，若米放得比較久、被蟲蛀，則會使用店內的碾米機再碾製一次，使白米如新。

賣米多年，郭老闆也分享了許多米糧的歷史與變革：

■ 糧區政策：早期動員戡亂時期，米不可以越區販賣，有所謂的「糧區」。像是臺南縣就供應臺南市的米，而且米不可以往南賣超過二層行溪（即二仁溪）。臺南縣的米通常是經由火車運到市區，米行會再開「鐵牛」去接。

■ 米價控制：米價從以前到現在，都是政府最為控制的。現在雖然沒有在限制囤積米（早期囤積米是會判刑的），但如果米價一高，政府就會進口外國米來抑制米價，使民眾可以轉向購買較便宜的外國米，這也就是米價為什麼一直很平穩。

■ 公糧：政府會以固定價格，向農民收購米糧，再委託農會、民間倉庫存放，這就是公糧，會用特別的米袋包裝。公糧的口感比一般的米還要差，不是因為放比較久，而是因為存放的「濕度」。政府為了避免米遭蟲蛀，會調低倉庫溫度至12度（一般為15、16度），也因此米的水分含量較少，吃起來口感較差。

■ 軍公教米：以前有軍公教配給米，存放在民間的碾米廠、米行倉庫，符合配給資格的人再前往領取。

由於米行經營不易，現在店面的一半已轉作彩券行，連招牌都做在一起，許多舊市區的老米行也有類似的經營方式，兼賣果汁、檳榔、機車修理等。感慨之餘，大明碾米所店頭批發、

圖 101：大明碾米所，店面兼營米行與彩券。

圖 102：大明碾米所招牌。

圖 103：店後方的木製碾米機，仍可使用。

圖 104：噴風式自動碾米機（製造廠商「益興成機械有限公司」）。

零售，店後使用小型碾米機碾米，保有早年臺南市區內常見的碾米廠形式，仍具有珍貴的時代意義。

6. 永正誠米鋪

地址：臺南市中西區府前一街 87 號

電話：06-2972257

創立時間：1948 年

經營現況：開業中

負責人：蔡西林（第一代）、蔡正俊（第二代）、蔡中庸（第三代）

特色：日曬發芽米蔬果酵素洗顏膜、復育糯米城牆

位於府前一街，永正誠米鋪可說是一間臥虎藏龍的老米行。儘管米業環境變化劇烈，卻依舊屹立不搖地經營七十餘年，除了受到客戶長期的信賴，還有自我研發的能量，憑藉著對米的熱情，創造了遠超越一間米行會做的事。

第一代經營者蔡西林先生，於日治時期就曾賣米，1948 年成立米行，初始店面位置在府前路的巷子內（現新光三越新天地附近），經營碾米與批發，當時店內有二層樓高的傳統木製碾米機，以及鐵製的儲米鐵桶等設備。但隨著 1980 年代大型碾米廠於鄉間設立，市區小碾米廠隨著都市化面臨噪音、環

圖 105：米廠位於府前路原址的老照片，站立者為第一代蔡西林夫婦。

圖 106：米廠老招牌（保有五碼的電話號碼）。

保等問題，永正誠的碾米機也隨之拆除，店址也於 1983 年搬遷到府前一街，舊址留給第二代老闆的二兒子作為建築師事務所，但留下了僅五碼電話號碼的木製招牌，見證了米行悠久的歷史。

現在店面的負責人為第二代蔡正俊、第三代蔡中庸。因經營多年，擁有良好信譽，因此客戶從知名五星飯店到著名小吃都有，有米行主動開發的客戶，也有口耳相傳而自己找上門的，除了做餐飲業的批發外，也經營宅配，一通電話就能送貨到府。這樣的成績，來自於米行從上游到下游的把關，永正誠擁有長期配合的耕作區，每到收割季節前夕，蔡正俊便會親自到產區「巡田水」看看今年的稻子狀況，決定進貨數量。這一「巡」，範圍可是遠從中央山脈另一端的花東、最南邊的屏東，近至原臺南縣的後壁，年越古稀的老闆，靠著火車搭配摩托車，沒有到不了的田地。此外，由於對米的專業，蔡正俊先生也受邀至農委會六甲農會的良質米競賽擔任評審，從米粒的外觀、白飯的口感評鑑好米。

即使專業已受到肯定，蔡正俊更再接再厲研發米的相關產品，1983 年研發了「日曬發芽米蔬果酵素洗顏膜」，運用兩度發酵的「日曬發芽米」，搭配具有消炎、潤膚效果的蔬菜、水果，製成能敷臉、保養的洗顏膜。因為純天然，也可以乾吃、泡茶。推出洗顏膜的三十餘年來，累積了不少長期用戶。

圖 107：蔡老闆研發之日曬發芽米蔬果酵素洗顏膜。

圖 108：洗顏膜瓶身也是自己設計。

身為傳承三代的老米行，對於米食文化資產的保存也有著一份責任感。某次蔡正俊在逛安平古堡、億載金城時，驚訝於四百年來屹立不倒的城牆，是以糯米黏接的，因此有了重現糯米城牆的想法。因歷史文獻上未記載製作方法，僅知原料有糯米、蚵灰、黑糖、石膏粉，為此他試了五、六年，從糯米的選擇、蚵灰的熟度、燒製過程、加入其他原料，所有可能的變因都嘗試，最後終於試驗成功，僅需十分鐘的時間，糯米漿便能讓兩塊磚頭彼此牢不可分。2005 年臺南新光三越舉辦的「府

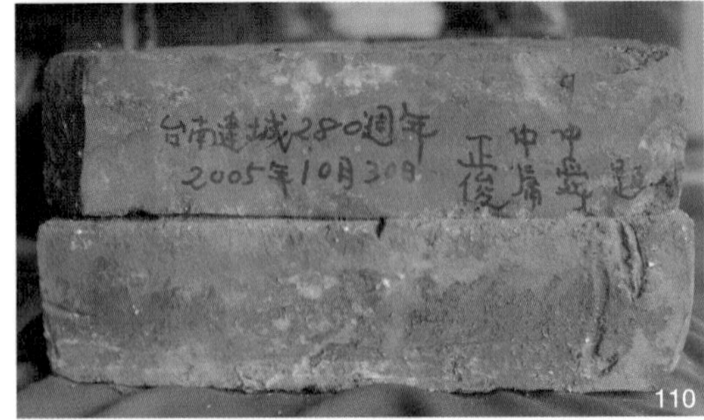

圖 109：糯米砌城牆活動照。（圖片來源：蔡正俊提供。）

圖 110：糯米糊成的磚牆，上有米行一家人的落款。

城建城 280 周年紀念活動」，即受邀演示「重現糯米城牆」，現場調製糯米漿、黏著，蔡老闆回憶道，當一次提起黏好的兩塊磚頭時，內心激動不已，眼淚當場就流下，這樣的成功終於能回饋給家鄉的歷史文化。

問起店名來由，老闆娘總笑盈盈地說，永正誠米行，代表的是「永遠、正直、誠實」。是米行的經營期許，也確確實實地貫徹數十載，成為在地人不可或缺的存在。

圖 111：永正誠米行匾額。

圖 112：蔡正俊老闆曾受邀擔任良質米競賽評審。

圖 113：永正誠米行自家的米袋。

圖 114：經營者蔡正俊與自製的神農蓑衣。（圖片來源：蔡正俊提供。）

7. 長樂米行

地址：臺南市中西區民權路三段 110 號

電話：06-2223681

創立時間：不確定，至今七十年以上

經營現況：開業中

負責人：蘇廷明（第一代）、蘇坤生（第二代）、蘇文亮（第三代）、蘇子堯（第四代）

特色：許多中西區餐廳小吃店皆用長樂的米

幾乎將清代「臺灣府城」範圍包含在內的臺南中西區，是許多觀光客來到臺南的活動範圍，也是老臺南口中的「城內」，這裡有著許多在地人念茲在茲的美食。而在中西區吃東西，無論是小吃類的肉粽與飯桌仔，還是年輕人喜愛的早午餐，臺式熱炒攤或著日式料理店，都很難不吃到長樂米行出來的米。

位於海安路與民權路交叉口，遙望著水仙宮市場，長樂米行是已傳承四代的老店，一間不大的店面，滋養了府城的吃食。米行具體的成立年份，因無相關文獻留存，現已不可考，只知超過七十年以上，府城老舖的福泰飯桌、振香居餅舖、「沙卡里巴」[2] 的赤嵌棺材板都是自開業以來即合作至今的客戶。

2　「沙卡里巴」是日治時期的小吃聚集地，發音「盛り場」（サカリバ/Sakariba）是「人潮聚集的地方」或「熱鬧的地方」之意，許多著名的臺南小吃都發源於此地，如：榮盛米糕、阿財點心店等。

長樂米行的興隆生意，來自先祖一輩傳承下來的賣米精神「不做進口米、不摻米、不削價競爭」。一般米商為了利潤，或著欲以低價招徠客人，多多少少會摻外國米、次等米，但蘇老闆認為如果摻了米，消費者一定吃得出來，因此一直守著這樣的經營理念。不僅於此，也要求店內的米一定要新鮮，長樂販售的米是每週進貨，碾米日期一定要在兩週內。與其賣便宜的米，不如賣好米，蘇老闆總是不厭其煩地叮嚀：「（做吃的）成本要以碗為單位來看，不要只看一袋米的差價。一袋三十公斤的一等米，和一袋二等米，價錢也才差一百元。但一袋米可以煮四百碗飯，等於每碗飯只差四角，但口感吃起來就有差。」將這樣的理念傳遞給客人。經營者的自我把關，也讓長樂成為注重食材的餐廳、老師傅的指定米行，許多都是客人彼此介紹而來。

長樂的店面陳列了不少米，大多來自東部、西螺、後壁，都是老闆合作多年的信任米廠，如：西螺正昇碾米廠的一等米、玉里香米、弘昌碾米廠大力米、關山農會米、池上農會米、後壁芳榮米廠的禾家米／金谷米等，無論是一等米，或是口感不遑多讓的二等米，有一定的品質才賣。

雖然往來的客人絡繹不絕、店裡頻繁地載米進出，生意看似順遂，但其實長樂也經過一段辛苦的時光。早期開店時，是向產地買稻穀，用碾米機自行加工為白米。當時每天早上八點開業，一路送米、賣米到晚上六點。六點之後開始碾米，碾到半夜兩點，才足夠隔天要賣的份量，幾乎沒有太多休息時間。這樣的經驗，也反映了許多老米行打拼事業時的狀況，直到後來米穀公會訂了公休日（一個月兩天）強制米行休息。當加工的業務由產地碾米廠一條龍式地包辦、米行以進貨白米為主時，才逐漸演變一個禮拜休一天（禮拜日）。此外，大概1990年代開始的海安路拓寬計畫，因為工程延宕，對生意造成了很大的影響。緊鄰海安路的米行，受到工程封路影響，進出不易，以致於當時許多碾米廠、經銷商不願意送米到長樂，需要靠自己開車出去載。以往會從水仙宮市場來買米的客人，也受工程阻絕。工程延宕的那些年，正好是賣米的黃金歲月，當時人口成長、吃米的量也多，但卡在拓寬計畫，因此那幾年幾乎沒有賺錢，還要自掏腰包出來維持生意。

撐過幾年的艱辛歲月，現在米行也傳承到了第四代，由三十多歲的兒子蘇子堯先生接班。原本從事其他產業的他，眼見店內聘請的員工年紀也大了，屬於傳統產業的米行，要請員工不容易，因此從去年開始回來幫忙，「一方面也是想著，如果米行不做了，這些合作很多年的老店要去哪裡找米？」蘇子堯先生這麼說。或許就是這樣與客戶彼此扶持的關係，才讓米香延續著人情味，成為矗立七十多年的老店吧。

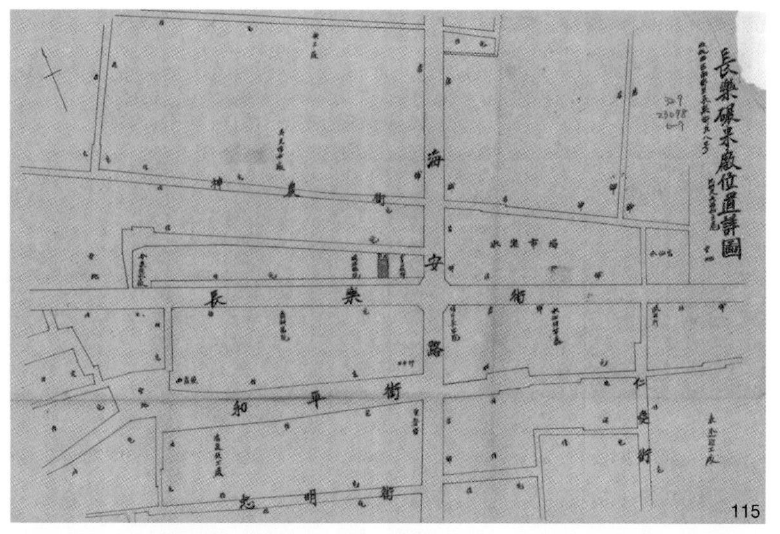

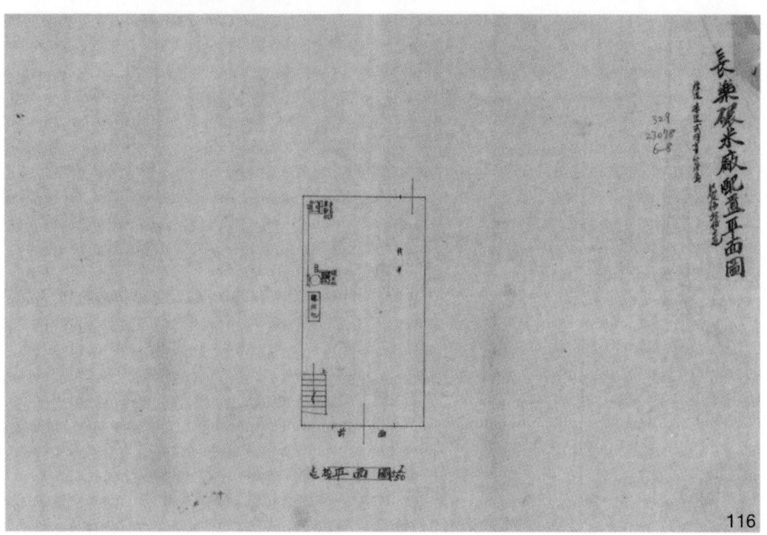

圖 115：1953 年長樂碾米廠位置略圖，當時海安路還未拓寬，碾米廠前的道路還叫長樂街。（圖資來源：國史館臺灣文獻館。）

圖 116：長樂碾米廠的設立申請書所附的店面平面圖，可看到碾米機的設置。（圖資來源：國史館臺灣文獻館。）

圖 117：長樂米行店面一景。古早的拱牆走廊見證了此地曾為老屋。

圖 118：米行內堆滿營業用米的米袋（一袋約 30-35 公斤）。

圖 119：門前販售的各式包裝米，服務零售的散客購買。

圖 120：米行前總是門庭若市。

圖 121：第三代與第四代老闆。

8. 忠益米廠

地址：臺南市中西區康樂街26號

電話：06-2220994

創立時間：1956年以前即成立

經營現況：開業中

負責人：鄭長輕（第一代）、鄭高南（第二代）／鄭惠月（第二代）

特色：只賣臺灣米

忠益米廠前身為一間無店號的米攤販，原址位於友愛街與西門路交叉口（南都戲院附近），當年的友愛街不似今天是容兩臺車並行的馬路，而是充斥著各式攤位的臨時市場，賣菜的、賣米的攤販都在其中討生活。1949年生的鄭老闆，從小就在市場裡的米攤長大。不同於今日米行常見的獨棟店鋪形式，當時的米攤是在一間店面裡分割出來的三分之一，據說當時是由母親的朋友租下店面，約定好由三間米行共用，直到搬到康樂街後才有了自己的店面，並取名「忠益米廠」。

當年賣米的對象大多是家庭，由於用米量大，大家庭普遍一個月可以吃到十斗米（84公斤），所以米都是由米行親送到家。由於電話不普及的緣故，大部分人是特地走路或騎車到米行來叫米，或是踅（sēh）菜市的時候順道叫米。若購米量不多，就買米後自己運回去，米量多的話就由老闆送，視米量的大小，有時走路，有時騎車，有時推板車送到府。隨著大家吃米的量越來越少，購米的單位從一斗（8.4 公斤）變成幾斤，才改成今日自己上門買米的形式，只剩一次會叫好幾袋米（一袋約 30-35 公斤）的餐飲業客戶，才會由米行協助送米。

「每個月的米錢，都是生活中固定的開銷，所以每個月都必須留固定的錢起來，也因為量大，所以平常都記在帳簿裡，一個月才結一次帳。」談起用米量今昔的演變，鄭老闆感慨地表示，早期由於副食品（菜、蛋、肉）量少且貴，是「吃飯配菜」，但現在副食品普遍了，大家都是吃菜配飯，加上麵食、速食等其他種類的食品競爭，現在吃米的量不到以前的三分之一。就連早期經濟不寬裕的人家拿來做為替代主食的番薯，身價都抬升了。當年二、三斤番薯才能換到一斤米，現在一斤米還換不到一斤番薯，不僅番薯比米貴，曾被「吃到怕」的番薯反而是躍升為健康的代表，被呼籲多吃。用米量的改變也反映在米店的陳設上，忠益米廠原有一放散裝米的長型米櫃，早年會將幾十公斤裝的米倒入，在客人上門買米時以篋仔（kheh-á）鏟出需要的量。現在由於散賣的米量減少，從米倒入到用完，時間拉長；而且客人單次購米的量變少，乾脆就直接從米袋裡取出需要的量即可，也不倒入米櫃，現在米櫃就是做單純的儲物櫃用。

圖 122：早期米會放到米櫃散賣。

圖 123：由於散賣的米量減少，米櫃已改做置物櫃用。

圖 124：忠益米廠店面一景。

圖 125：自開業即有的長型米櫃。

圖 126：店內的老秤臺。

圖 127：抓取米袋的工具。

圖 128：含有店名的書法。

圖 129：現任店主鄭老闆。

現在的忠益米廠以經營餐飲業者的用米為主，店裡西部米、東部米都有賣，大概各佔一半。西部米有來自雲林、彰化、白河、後壁等地，東部米則以關山為主。身為米行老闆，這些米都是自己吃過，覺得可以的米才賣。且每一期新收成的米，米廠送到後，也會自己先試煮來吃，必須吃過才會對米有信心，知道怎麼跟客人做推薦。也因為開米行數十載的經驗，也大概知道哪樣的米適合哪一種料理，可以給做餐飲的客人建議的方向，像是西部種的米，米質不容易軟爛、好吸收湯汁，因此適合做蝦仁飯、肉燥飯；東部種的米，米色較白、口感Q黏，適合做壽司、日式料理。

因今年已屆70歲，加上無人繼承之故，鄭老闆也坦言米行大概再開個幾年就會收起來，這點和許多市區米行歇業的原因相同。由於每間米行賣的米大同小異，老闆並不擔心客戶難以找到替代的米，市區的老米行大概未來又會再少一間。

9. 瑞元米行

地址：臺南市中西區保安路113號

電話：06-2229508

創立時間：1980年

經營現況：已歇業

負責人：楊進福

特色：兼賣飼料

相較於南廠保安宮前小吃的眾聲喧嘩，對街保安路、郡西路相交的一帶就顯得靜謐許多，不少店家藏身其中，就在自家的舖面默默地做著生意，瑞元米行就是其中一間。

瑞元米行原先在海安路上，因拓寬工程而轉移店面到保安路。相較於其他米行，比較特別的是瑞元是以飼料行起家，老闆楊進福原本是以賣飼料（米糠、飼料白米）為主業，當時稱「瑞元飼料行」。但隨著飼料市場競爭，大型連鎖寵物店、市場、夜市都加入販賣行列，另一方面，禽流感的疫情也影響人們飼養鳥類的比例，單純販賣飼料的生意愈來愈不容易，後來才改以賣米為主。

瑞元米行所賣的米是跟大盤商——安平的「正合米行」進的。因為加入賣米的時間較晚，沒有經歷過要自行用小型碾米機加工的時期，而是直接進貨三十公斤裝的白米，再分裝散賣。大概一個月會向大盤商進貨一次，主要進貨的種類有白米、糙米和糯米，米的來源有臺南、東部、雲林西螺、彰化濁水米等，也會趁進米的時候順便進貨飼料。客源以家庭或是小吃店為主，因為是小本經營，老闆娘都會記得熟客的喜好和口味，通常客人一上門就會秤好所需要的米。採訪的過程中遇到其中一位警察退休的熟客，常來買糙米，大讚瑞元行的糙米是最便宜、好吃的，甚至贈送了一幅墨寶給米行，可見雙方深厚的情誼。

如同臺南市區的其他米行，瑞元米行也面臨現在經營者屆退休之齡，但無人接手的狀況。目前店面由兩位八十多歲的老闆與老闆娘經營著，老闆的兒子另有設計相關的正職。由於米行工作需要勞力搬運、送米，且現在每個人吃米的數量下降、量販店等連鎖商店都可賣米，未來發展較為受限，或許經營就只會到這一代停止。

備註：瑞元米行於 2017 年進行訪談，2019 年已歇業。

圖 130：瑞元米行楊老闆舀米秤重。

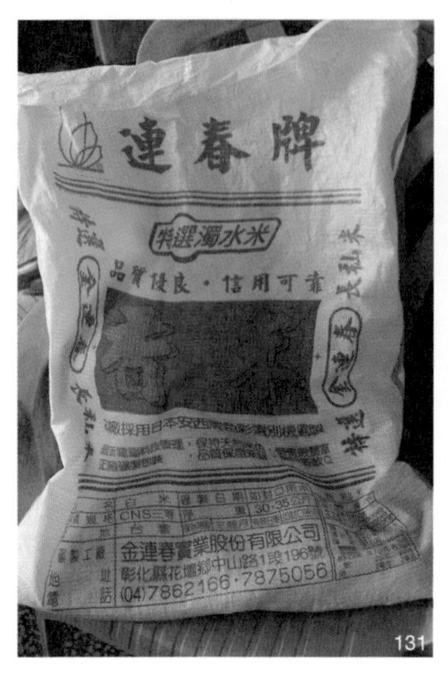

圖 131：店內販售米種之一。

圖 132：店內除了賣米也販售飼料。

圖 133：楊老闆盛米提供觀察。

10. 三新碾米所

地址：臺南市中西區武聖路 21 號

電話：06-2235289

創立時間：1945-1946 年間

經營現況：開業中

負責人：曹勇（第一代）、曹許桃子（第二代）、曹文祥（第三代）

特色：仍有使用小型碾米機碾米、保有米價黑板

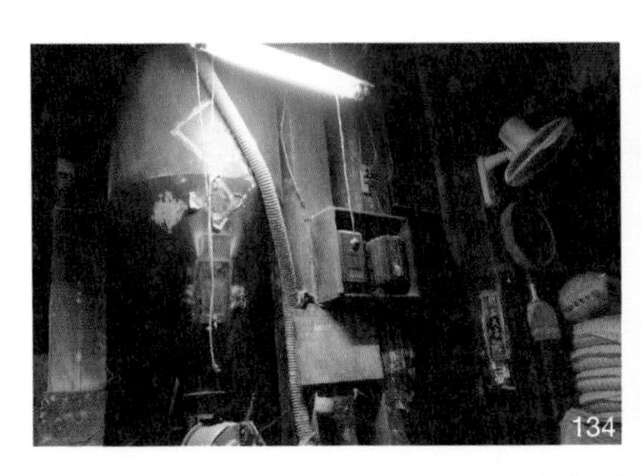

圖 134、圖 135：三新碾米所現存的木製碾米機，用來碾粿米。

三新碾米所的前身為「富勇米店」，開業於戰後初年（約1945-1946 年間），為現任經營者曹文祥之祖父曹勇創立，現已傳承三代，是有七十多年歷史的老米店。祖父於日治時期在日本人所經營的碾米工場（名稱已無印象）工作，戰後獨立開立了自己的米店，位置在今天海安路與民族路交叉口，1970年才搬遷至現址。

早期的經營項目包含碾米、米糧批發，店內擁有自己的小型木製碾米機，因以前有糧區管制（1946-1983 年間）之故，通常是向同一糧區的臺南縣、嘉義縣碾米廠進貨，若要越區購買，就必須申請「路條」（通行證），店主父親便曾申請過。進貨的米，最早是用火車運輸，出站後再用牛車或手拖板車

（リアカー）載到米行，後來則改用小貨車直接從碾米廠送來。另一個和現代社會不同的買賣模式，則是「賒米」——先記帳，領到薪水後再支付，原因是早期大多務農、養魚，需要等好幾個月才有收成跟收入，因此都會先記帳，後付款。現在大部分人都是上班族，每個月領工資，因此也就改成了現買現付。

在1980年代碾米流程轉由大型碾米廠一條龍式地包辦（粗碾—精米—包裝）後，店內的白米就改為跟大型碾米廠進貨，但傳統小型碾米機仍有運作，只是因碾米機老舊，碾出來的米相不若新型碾米機，故以服務做粿、做粽子的客戶（通常是碾

圖136：三新碾米廠招牌。

圖137：古老的招牌。

在來米、糯米）為主，這些料理比較不計較碾出來的米相。

現在批發與零售的品項，米種有長糯米、圓糯米、在來米、蓬萊米，米的產地來自臺南—彰化間。之所以會選擇這樣的範圍，原因在於南部的米比較早收成，也比較早消化完，因此沒有進貨臺南以南的米，而是往中部進貨，但若碾米廠位置超過彰化以北，運輸成本加起來也不合算。目前店內有售後壁的聯發上水米（上水香米、上水戀美人）、花蓮香米、白河豐裕碾米廠的「上田好米」、山水米、中興米等。

近年因經營米行的父親身體不好，學習機械出身的現任老闆才返家協助碾米工作，偶爾做本業的機車修理，一路開設到今

圖 138：三新碾米所自家米袋。

圖 139：白米零售價格黑板。

圖 140：店內堆滿批發給店家的營業用米袋。

天。在許多老米行面臨無人傳承的今天，或許讓兩代各自的專長都能延續，也不失為一種方式。

11. 新瑞隆糧行

地址：臺南市中西區南門路 6 號

電話：06-2134251

創立時間：1975 年

經營現況：開業中

負責人：黃景川（第一代）、黃麗珍／林昱榮（第二代）

特色：因應歲時節慶推出不同組合

老店會見證每一個年代的生活型態，當年的飲食習慣、消費水平、交通工具……，並且持續因應社會環境的變化來轉換經營模式，如果開業的久，本身的經營歷程就述說著一部常民生活史，新瑞隆糧行就是這樣的例子。

1975 年店主黃景川先生向前任老闆頂下米行店面，開始雜糧批發的生意，以販售米、油、麵粉、五穀粉為主。相較於其他雜糧行，新瑞隆還多了碾米業務，因為沿用米行店面，店頭後方還保有一臺一層樓高的小型木製碾米機，故也自營碾米，碾製後再自行販售。可惜隨著時代進步，自家的碾米機效率不如大型碾米廠，且還要經過人工檢查等手續，只能忍痛拆除。黃老闆指著一樓後方的位置：「以前碾米機就放在這裡，拆掉的時間是 1985 年 5 月 20 日，為什麼我會記得這麼清楚？因為捨不得啊。」碾米設備拆除後，新瑞隆就改為純批發米穀雜糧。

談起當年賣米的盛況，黃景川表示，早年能賣米、賣布的都是有錢人，不是因為執照取得困難，而是要有資本才能做。加上早期飲食習慣都是米食，且資訊流通沒那麼迅速，米行可以一日三市——意即一天內批發價可以變動三次，有時候有錢也買不到米。所謂「殺頭的生意有人做」，米行的巔峰期約在 1976 年前後，印象中整個臺南市有六百多間米店，加上無牌（無糧商執照）的，有一千多間。當時一個家庭每個月平均要吃 6 斗米（84 斤／ 50.4 公斤），一天只要能賣出 20 斗米，毛利為 800 元，扣除開店成本，一個月也勉強能過下去。

現在店面已交棒給女兒女婿經營，面臨家庭用米量下滑、連鎖超市與量販店的競爭，新瑞隆也嘗試著更貼近現代人生活的經營模式，除了打造窗明几淨的店面、進貨多種類的商品，也會將產品分裝成小包裝，方便小家庭購買。逢年過節則推出套裝組合，如端午節會用到的粽繩、粽葉、糯米、栗子、蝦米、魷魚、櫻花蝦、花生、花生粉、乾香菇……都可以一次買齊。春節備有喜糖、聖誕節為店內加上應景裝飾，也為散步的遊客設置古早味零嘴專區，都是第二代老闆的用心。

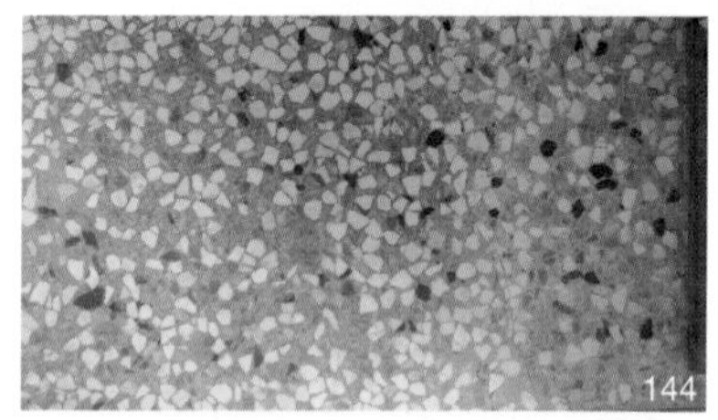

圖 141：新瑞隆糧行招牌。

圖 142：第二代接手後加入巧思調整店面陳設，如利用收納工具分門別類。

圖 143：雜糧也採小包裝販售，符合小家庭需求。

圖 144：原先店面堆滿了物品，只有一人行走的空間，第二代接手後重新整頓，地面磨石子地板記憶了使用痕跡（淺色磨石子都是早期堆放物品的空間）。

圖 145：騎樓設置的零食與南北貨專區，方便路過者購買。

12. 新德成糧行

地址：臺南市中西區北門路一段 33 號

電話：06-2232198

創立時間：2012 年

經營現況：開業中

負責人：吳吉祥

特色：距離火車站最近的米糧批發商

早期島內的物資運送大多仰賴鐵路貨運，這些「坐火車」的貨品除了屬於專賣的菸草、酒，也有等待加工的玉米、黃豆、小麥、米糧等。在小貨車還沒那麼普及的情況下，每當載滿貨品的火車到站，要運送至各店面或工廠，靠的多是牛車、板車等需要人力的方式，也因此許多碾米廠、大盤商都會選在火車站附近開業，以便節省運輸距離。隨著公路運輸發達，許多店面也紛紛轉移陣地，新德成糧行則是少數仍位在火車站附近的一間。

新德成糧行，原名「德成糧行」，開業於 1979 年，因原本的老闆身體欠佳，而頂讓給店內夥計，即現任老闆吳吉祥，延續糧行生意。吳老闆接手後，將店面從馬路對面的三連棟搬到現址。新德成以經營米穀、油品、糖、飲料、粉類、茶葉等食品什貨為主，販售的品項有超過百種以上，狹長的店面被各

圖 146：新德成糧行招牌。

圖 147：店內散賣的五穀雜糧。

圖 148：成堆的米袋，販售雲林、東部、後壁等地的米。

種貨品環繞，可見生意頗佳，也方便許多需要一次採買齊全的客人。許多小吃店、市場雜貨小販，都會來店裡進貨原料，進行再製或是零售。因為價格公道，客戶除了本地商家、小家庭，從原臺南縣的佳里、關廟來的也不少，來進行批發買賣的客戶大多固定，從上一代老闆延續到現在。

所販售的白米，則大多來自雲林、臺南後壁、東部的米，向產地當地的碾米廠進貨，提前一天叫貨，碾米廠當晚就會碾製，隔天送到糧行來。供應的客戶包含賣肉燥飯、碗粿、肉粽、早餐店、咖哩飯等。不過吳老闆也提到，現在越來越多店家會跳過米糧行，直接找碾米廠或更上游的廠商叫貨，因為需求量大，找上游可直接壓低價格；此外像是碗粿跟肉粽，一次需要大量且品質固定的米，也會傾向找更上游的廠商，這是米糧行目前需要突破的現狀。

13. 榮記糕粉廠

地址：臺南市中西區永福路二段 210 號

電話：06-2214068

創立時間：約日明治 44 年（1911）前後

經營現況：開業中

負責人：林煌（第一代）、林榮輝（第二代）、林崑山（第三代）、林進成（第四代）

特色：百年糕粉廠、販售各種糕餅原料

米除了在日常飲食中扮演重要角色，重視生命禮俗、歲時節慶、宗教祭祀的臺南，米更在大小場合佔有一席之地，無論是冬至的湯圓、供桌上的鳳片龜、廟裡的糕仔、成年禮的紅龜粿……，米化作各種意涵的糕點，伴隨著每個人的生老病死。而在中間促成這層關係的，是矗立府城百年的糕粉廠——榮記號。

傳承四代，至今已百年以上。一開始是經營米行，日昭和9年（1934）臺南市《臺南市商工案內》記錄了當時的名稱「義豐米行」、「義豐精米工場」[3]，由林煌所經營。同時也代客磨米穀雜糧粉，供給糕餅業原料，稱「牛磨間」。後來因糕粉需求量大，訂單應接不暇，故停掉米行，專門做磨粉，當時門庭若市，店內掛的書法「挑擔待料宿店飴 漏夜爐火供米急 榮記老舖傳四代 糕點傳承賴此勤」，敘述的便是交通不發達的時候，糕餅業者都挑著擔子，露宿在榮記門口，等待米磨成粉的場景。

現任經營者林進成原就讀美工科，因家業無人傳承，故於

3　日昭和9年（1934）臺南市商工案內，頁47「米商」登載「義豐 臺町 一ノ一五一 林煌」、「工場一覽」（無頁碼）登載「義豐精米工場 臺町 一ノ一五一 林煌」。

圖 149：榮記糕粉廠店面仍保留可拆卸的木門。

圖 150：1954 年店面改建落成時同業致贈的匾額。

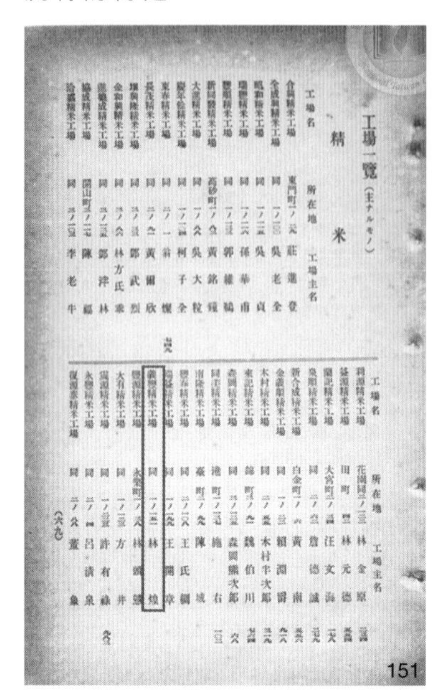

工場一覽（主ナルモノ）

精米

工場名　所在地　工場主名

義豐精米工場　同　林煌

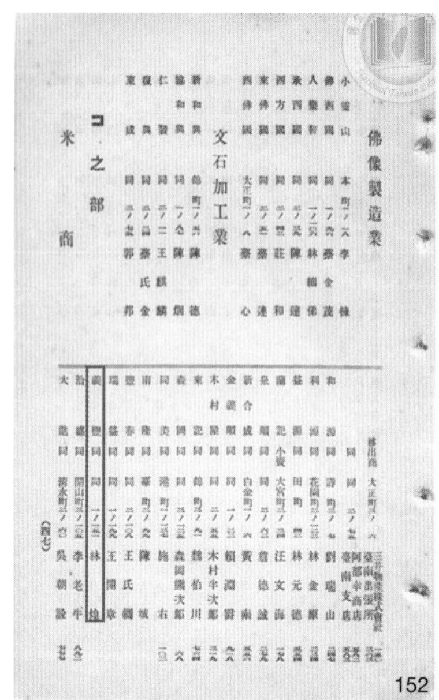

佛像製造業

文石加工業

コ之部

米商

義豐　同　林煌

圖 151、圖 152：《臺南市商工案內》（1934 年出版）內記載由第一代林煌經營的「義豐米行」、「義豐精米工場」。

圖 153：客人致贈的書法，敘述著糕粉廠早期做生意的場景。

1970 年代開始回家幫忙。因從小在粉行長大，挑米、磨粉的技術不用特別學也會。林進成也發揮所學，店裡的「正榮記」、「冠象牌」LOGO 皆是自行設計，「正榮記」字樣旁有稻穗，象徵糕粉廠賴以為生的米；「冠象牌」則是兩隻大象戴著皇冠。至於為什麼選象，則是父親指定的意象，有吉祥之意。

榮記糕粉廠使用的原料是臺灣米，沒有試過外國米。雖然成本較高，但因為先祖就是使用臺灣米，也沒想過要換，老闆表示，原料一換，做糕餅的師傅都感受得出來。向礱米廠進貨

圖 154：現任經營者設計的 LOGO 與粉袋。

圖 155：現任經營者林進成。

白米後，就在自家工廠磨粉，再批發給小吃、糕餅業者。

糕粉行的生意，與民間的信仰、習俗息息相關，每年的旺季大概從中秋節開始，延續到隔年清明節，中間會經過冬至、年底廟宇建醮、元宵節、土地公生……等重要節日、節慶，這段時間對於糕粉的需求量都很大。但也因為與生活的密切相關，隨著現代祭祀習慣改變，粉行生意也受到影響，如拜拜用的三牲（原料為熟糯米粉）逐漸被水果、糖果餅乾取代；鳳片龜（原料為熟糯米粉）也被替代為麵粉龜、米龜（將米袋塑形成烏龜狀）、金錢龜（將銅板塑型成烏龜狀）等。祭祀品的改變，除了傳統信仰外，教會亦然。早期教會聖誕節時會製作「聖誕糕」，原料跟廟裡常見的「糕仔」一樣，以熟糯米粉和綠豆粉製成，一次可做超過兩個手掌大小，但現在也很少做了。餅舖生意下滑，連帶地影響到粉行，林進成表示：「餅舖已是夕陽產業，做一天算一天。」

百年的經營，除了見證祭祀、生活習慣的演變，自家的製粉機具，也從創始時期的牛拉石磨，到日治中後期電力穩定後，以機器引擎為動力「軌齒」（一天可以磨製一、二公噸），到現在改成全自動化的機器，一天最多可以磨製到十二公噸。製粉廠也隨著都市法令的頒布，從早年「前店後廠」到現在店面純做批發零售，工廠則搬移到安平工業區。

儘管林進成自言這是「夕陽產業」，但在糕餅之外，應用

圖 156：店內現存的小型石磨。

圖 157：機器引擎為動力的「軌齒」零件。

的層面遠比想像中的還要廣：古蹟修復的傳統建築材料，就是以糯米粉、黑糖、石灰混合接著劑；蓬萊米粉黏度適中的特性，是許多裱框業者的黏著材料；釣魚人士也會以熟糯米粉接著餌料，入水後餌料比較不會那麼快散掉。而回到糕餅的製作上，曾遇到過香港來的客人，請榮記用貨到付款的方式，將糕粉寄到住的飯店，詢問緣由後得到答覆：「因為現在香港的房價、物價高漲，很多老店都歇業或搬走，像這種（糕粉）反而很難買到，所以才趁來臺灣時買。」習以為常的糕粉，竟是遠方要跨國才能取得的珍貴用品。

無論哪個時代，挑著擔子徹夜等待糕粉磨製，或是跨越國境心心念念要帶回去的那一包粉，糕粉行都有它所被需要之處。可塑性高、擁有各式黏著的糕粉，堅韌地支持著臺灣人百年來的精神信仰、日常生活。

圖 158：店內米粉堆疊至天花板。

圖 159：專供零售用的小包裝粉。

圖 160：代客製作的米香，以蓬萊米製成。

＊糕粉製法介紹

種類	製法	依米種分	應用糕點
水磨粉	白米泡水後，磨成漿，壓成團，曬乾成粉	水磨糯米粉	年糕、湯圓
		水磨在來粉	河粉、碗粿、米苔目
生粉	生米直接磨成粉	無	狀元糕、鬆糕
熟粉	把米炒熟、磨粉	無	鳳片糕、鹹糕、綠豆糕

＊榮記糕粉廠自產自製〔原料為米〕的品項

項目	原料	米種	名稱	應用糕點
製粉	米	糯米	熟糯米粉（俗稱鳳片粉）	鳳片糕、鳳片龜、鴛鴦餅、月餅、南棗核桃糕、老婆餅、日式和菓子、捏麵人、釣魚飼料
			生糯米粉	年糕、黑糖年糕、大福、日式烤麻糬、紅龜粿、湯圓、元宵、草仔粿、鬆糕、客家粿粽、芋粿巧、蜜餞、雙糕潤、白糖粿、地瓜球、糖不甩、心太軟、日式和菓子
		在來米	在來米粉	鹹粿、臺式蘿蔔糕、港式蘿蔔糕、碗粿、芋頭糕、油蔥粿、油粿、倫敦糕、九層粿、涼糕、娘惹糕、馬來發糕、肉圓
		蓬萊米	蓬萊米粉	上海紅豆鬆糕、茯苓糕、油蔥粿、倫敦糕、黑糖糕、潤糕、客家九層糕、發糕、簡易狀元糕、日式麻糬（串）丸子、米蛋糕、米麵包、米蛋塔、日式和菓子、日本草餅
其他	米	蓬萊米	米香	米香糰

第二節　東區

1. 永吉米行

地址：臺南市東區樹林街一段38號

電話：06-2741419

創立時間：1945年

經營現況：開業中

負責人：鄭火炎（第一代）、鄭玉珠（第二代）、楊逸萍／胡逸帆（第三代）

特色：待用米、自備購物袋折抵

創立於1945年，永吉米行是戰後第一批開設的米行之一，至今傳承三代。最初從水仙宮市場擺攤起家，之後搬遷到東菜市附近，開設自己的米行店面，並以小型碾米機代客碾米。隨著環保局對於碾米機的噪音管制，以及市中心空間有限、不敷米行使用的情況下，而搬到樹林街現址，經營型態也改為純批發、零售。現在店面由第三代楊逸萍、胡逸帆主力經營，沒有老店束縛，接手後加入自己的想法，七十多歲的老米行，與現代人的生活距離很近很近。

走進店面，映入眼簾的是疊得比人還高的米袋，騎樓則以一個個木箱整齊地裝著米袋，方便現場分裝，另有展架陳列少量販售的真空包裝米，井然不紊的店面常有客人上門。店內賣的都是臺灣米，來自花蓮（玉里、富里）、臺東關山、雲林西螺、臺南後壁等地，因為重視品質，也會親自到產地、拜訪碾米廠，了解當期稻米狀況。問起是否賣外國米，老闆楊逸萍表示，店內少賣進口米，她解釋：「進口米從收割、碾米、包裝到運送至臺灣的賣場，中間耗費的時間需要半年，除了口感較差外，常會加利於保存的藥劑防蟲害，對人的健康不好。」重視客人吃得健康，店內也提供一般米行較少販賣的自然農法種植稻米，或是通過認證的有機米，儘管這些米因價格高而不容易賣，但秉持著推廣的精神，仍希望讓更多人認識、有機會吃到好米。

永吉米行的客人以餐飲業、小家庭為主，販售的米種類，有三餐吃的蓬萊米，也有「粿米」，以碗粿、肉粿等小吃業者為主要客戶。做小吃的重視品質，因此米行會一次大量進貨，用大冰箱冷藏，讓客人長時間拿的米都是同一批，以防客人製作粿時，要因應每一批不同的米作調整。此外，老闆也會不定時到客人的店「巡迴」，吃吃看自己家的米有沒有「出包」。這個習慣由來是有故事的——曾有身為知名小吃店的客戶，在拿到米之後，告訴永吉老闆：「這幾次的圓仔都很好，光是磨漿時的感覺就知道了，你自己吃吃看，然後把感覺記起來。」米的品質如何，熟練的師傅立刻能感受到，為了確保自家米的品質，也養成了老闆日後到客戶店裡巡迴的習慣。

接手近十年，第三代秉持著「賺慢錢，保留一些真正的臺灣味」的精神，守護老米行的招牌。但也有新創舉，像是店內有「待用米」制度，八成的米由有心客人捐贈，兩成的米由米行自掏腰包，提供給需要的人，不需要提供任何證明、也不留紀錄，由老闆判斷適合便可領取，開辦幾年來已被領了好幾百斤；重視環保，提供自備環保袋折扣（每公斤折抵一元），甚

圖 161：零售用的真空米，若自備購物袋，一公斤可折抵一元。

圖 162：店內販售的營業用米袋堆疊。

至自行製作米行專屬的棉布米袋，鼓勵客人帶米袋上門；也提供彌月禮、新婚禮等客製化米禮盒。延續上一代的誠信，加入這一代的創新與熱情，相信永吉米行能繼續陪伴臺南人走過日常生活。

圖 163：第三代老闆自行設計的米袋，風格活潑。

圖 164：「待用米」黑板，已送出超過百斤的米。

2. 全發米行

地址：臺南市東區東榮街 48 號

電話：06-2360005

創立時間：1961 年

經營現況：開業中

負責人：黃天送（第一代）、黃宗溪（第二代）

特色：留有「軍眷實物送補袋」

全發米行位於東榮街，與周圍的住宅區比臨，沒有特殊的裝潢與相關機具，僅剩騎樓的刻有「全發米行」四字的匾額，透漏了米行悠久的歷史。

成立於 1961 年，當初是由父親頂下前任的碾米廠開始經營，一開始的店面位於青年路鐵道邊（現北門路合作金庫附近），合併兩間店面騎樓的空間，作為碾米廠與米行。店內有一臺碾米機，和產地碾米廠進糙米後，使用自家的小型木製碾米機碾米，碾製一百斤（60 公斤）的米僅需三分鐘，產生的粗糠還可以賣給塭仔（魚塭）做飼料，但隨著產地大型碾米廠機具的進步，自行碾米的效益不高，黃老闆便將自家碾米機拆除，並把店面搬遷至空間較小的東榮街，以批發零售為主，販售的米來自雲林、彰化的中部米，之所以只販售這兩地的米，是因為黃老闆認為中部的米比較軟 Q 好吃。

全發米行很特別的是店內還留有「軍眷實物送補袋」，這是過去曾做過「軍眷糧」的同業留下的米袋，在過去軍眷還有實物配給制度時，農民收成後會將稻穀繳交給農會，農會將稻穀碾製為糙米後，再送交至各地的特定碾米廠（與各地區「聯勤軍眷服務中心」合作的碾米廠，又可稱「委託倉庫」）加工為白米、封裝成一袋袋的米後，由聯勤軍眷服務中心送到眷村內發放。當年有許多大型碾米廠都有承接軍眷糧的加工、倉儲業務。

現在的全發米行以批發給小吃店、家庭為主，由於國人食米的量逐年下滑，生意也受到影響，早期都是以卡車為單位出去送米，現在則一次僅五公斤、十公斤，用機車就可以送。目前米行因業務減少，並無多請員工，僅由老闆與老闆娘兩人擔起店務，由於後代另有本業，米行的經營則到現任老闆退休為止。

圖 165：1975 年搬遷時由下營源福碾米廠所贈的匾額。

圖 166：現任黃老闆。

圖 167：全發米行所藏「軍眷實物送補袋」。

3. 德成糧行／富穀樂糧行

地址：臺南市東區北門路一段 12 號（德成糧行）

臺南市永康區復華五街 23 號（富穀樂糧行）

電話：06-2030238

創立時間：1979 年（德成糧行）、2016 年（富穀樂糧行）

經營現況：開業中

負責人：林錦棟（第一代）、林建鴻／林佩郡（第二代）

特色：現碾白米、自備環保袋／盒優惠

被譽為小吃之都的臺南，除了鎂光燈關注的美食名店，背後的推手之一，可能還有路上常經過的那間雜糧行，店家憑藉著各自的專業通力合作，才打造了今日小吃的燦爛。德成糧行，正是這樣一間重要的幕後角色。

位於北門路上，德成糧行是早年臺南火車站附近的「大賣」（tuā-bē，大盤商）之一，供應許多餐飲業者的所需食材。老闆林錦楝 13 歲時就以學徒的身分，跟著米行來到臺南發展，28 歲時自行出來開業，創立了這間糧行。

一開始經營時，一天工作長達 16 小時，早年糧行工作辛苦、工時長，林錦楝需要送貨到距離較遠的地方，也因配合下游小吃店營業時間的緣故，常常是凌晨出門、半夜才回家。最遠時曾到二層行溪（二仁溪）送貨，從臺南市騎腳踏車，載著 140 斤的米，花了一個半小時才到。

德成糧行進的貨品包含米、五穀雜糧。米由火車站載到臺南市區後，便由牛車、人力車運送回店裡，人力車載米辛苦，林錦楝特別印象深刻，在北門路的啟聰學校旁有一個斜坡，許多車伕載不動會在那邊停留，年輕人看到了，就會去幫忙推車，他年輕力壯時，也曾幫忙推過車上斜坡，後來慢慢就改由擋車運送米。那時也是米的黃金時代，家家戶戶的食米量大，十天便可消耗一斗米，但米因為產量稀少，仍是珍貴的物資。盛況的消退，隨著臺灣米的改良，每分地的收穫量增加，白米價格下降；且大賣場、超商加入賣米的行列，競爭者眾；三餐

圖 168：（右）德成糧行林老闆夫婦於子女創立的「富穀樂糧行」回憶糧行經營種種。

圖 169：德成糧行林老闆（左）與兒子（右）。

的選擇增加，食米人口銳減，造成原有米行的萎縮。德成糧行的重心因此轉向五穀雜糧，以維持糧行生計。

店內販售的五穀雜糧種類很廣，包括：炒花生、麵粉、地瓜粉、粉心粉、杏仁、現磨芝麻粉、花生粉等等。顧客來源主要為冰飲室、小吃店、碗粿店、豆花店等。老闆娘回憶許多顧客特別喜歡買老闆親炒的炒花生，可以製作成米漿、蜜豆冰等。臺南市的「莊子土豆仁湯」第一代老闆就是跟德成進貨。但是老闆娘也說，炒花生特別辛苦，須忍受高溫熱氣，所以必須利用半夜最涼爽的時間炒，等清晨睡醒，炒花生也已放涼，便可磨成粉或是包裝。因薄利多銷，花生粉也是端午節期間最熱賣的商品，可賣至上千斤。德成糧行的原料，來自各縣市工廠與貿易商，都是林錦棟親自到各縣市去找的。

老糧行的轉型：富穀樂糧行

經過三十多個年頭，長期勞碌下來林錦楝身體欠佳，不得不將事業暫停，並將店面盤讓給員工（即「新德成糧行」），在外工作的子女也紛紛返鄉，回到臺南分擔母親照顧的辛勞。2016年，在全家人的討論之下，「富穀樂糧行」在永康開幕，延續德成糧行的精神，實踐傳承及創新。

「富穀樂」是日文貓頭鷹（FUKUROU）的音譯，貓頭鷹為糧食的守護神，取名呼應糧行的本質。二代接手後，希望米糧產業能擺脫過去在街角髒髒舊舊的傳統印象，將店面選在巷內，以木頭的質感、暖黃的燈光打造舒適感，吸引客人上門一探究竟。特別的是裝米、五穀雜糧的容器，以壓克力製作，所有內容物可以被看得清清楚楚，以把手轉動即流瀉而出。這樣的設計，除了讓產品品質公開透明，客人也可以隨著自己的需求「要多少轉多少」，少量購買也不用有負擔。店內響應環保，鼓勵顧客自行帶容器來購買。無包裝概念店在國外風行已久，在臺南卻是付之闕如，富穀樂則希望朝著這樣的理念邁進。

除了無包裝的訴求外，推廣米食文化，店內也置有日本進口的現碾機、精米機各一臺。現碾機的機身不大，一小時可將120公斤的稻穀碾成糙米，在日本已很普遍，現碾能保留水分，吃起來較近似白米的口感，但多了穀皮的養分。如果想吃白米，再將糙米送到精米機，即可脫去穀皮。會有這樣的機

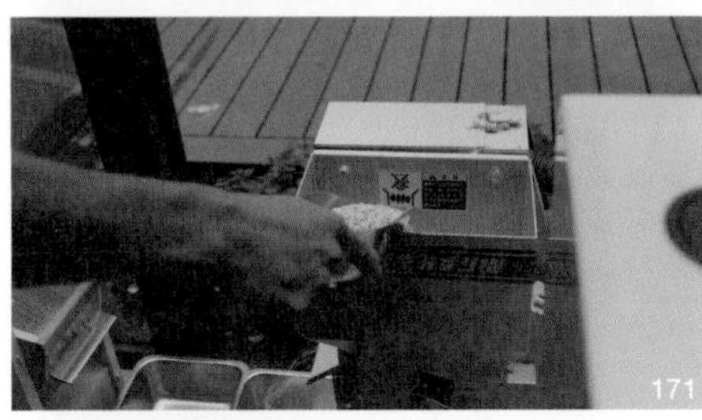

圖 170：從日本進口的現碾機、精米機，可展示給客人從稻穀到白米的加工過程。

圖 171、172：店主林老闆示範現碾機的使用。

器，是日本因視稻米為主要糧食和戰略糧食，隨時都要能自產自給，開放農業的機器讓農家可自產自足。富穀樂的老闆們特地進口這樣的機器，就是希望客人可以看到從稻穀到白米的生產過程，也是一種社會再教育。

接手至今已滿四年，傳統糧行如何被認識、吸引不同年齡層，將糧行重新納入生活習慣，一直是思考的課題。針對年長者，店內提供研磨機，可現磨芝麻醬、花生醬，可看見完整的製作過程，以無添加的產品取得信任；針對年輕人，則希望能透過果乾、現烘堅果進而認識五穀雜糧。

第二代經營者特別感謝父親在上一代打下的江山，讓他們接手經營時已有基礎，不至於太過辛苦，貨源的穩定是重要的關鍵，已有父親原本熟識或長期合作的店家可繼續與他們配合，且父親在這一行受到大家的信任，連貿易商遇到貨源短缺時，都會反過來向父親調度。父親過往會定期捐上百包的米給孤兒院，提供社會穩定的力量，延續精神，第二代也希望富穀樂不只有別於一般的糧行，在經營上的開創，如果能因此而幫助整個產業向上提升，會是再好不過的事。

圖 173：富穀樂糧行外觀。

圖 174：店內陳列以透明、整齊為主。

圖 175：以壓克力自製的容器，旋轉把手即可轉出所需的量。

圖 176：第二代接手後打造新品牌「富穀樂」。

第三節　北區

1. 德盛米行

地址：臺南市北區成功路 112 號

電話：06-2228847

創立時間：1912 年

經營現況：開業中

負責人：蔡杜松月（第二代）、蔡明峯（第三代）／杜祖德（第三代，1984 年另創「德峰行」）

特色：日治時期即開業的老米行、保有日治時期的米籃與秤仔

德盛米行開業於大正元年（1912），為目前舊城區少數幾間自日本時代即開業的米行之一[4]，其店史跨越了日治時期、戰後初年直到今天，問及每一個時期的經營型態、交通方式、使用器具等，1945 年生、畢生都投入米糧業的蔡老闆都可侃侃而談，儼然一部米糧活字典。

日治時期店名為「順興米商」，位於現成功路與忠義路交叉口。據蔡老闆回憶，早期客戶主要以家庭為主，因有電話的

4　目前已知日治時期開業至今的米行，另有「榮記糕粉廠」的前身（日治時期為精米工場，後來才改為製粉）。

人家很少，所以住得遠的人，是寫明信片叫米，信上註明某日某時請米行送多少米到家裡，老闆就會騎著腳踏車載著米，送貨到客戶指定的地方。住得近的，自己走來店面叫米，再由米行送過去，與現在多半是客戶自行上門買米的型態有很大的不同。此外，也會帶著米籃（bí-nâ）到市場或是沿路販賣，看一次需要幾篋仔（kheh-á），就從米籃裡取出相應的米，裝入篋仔，作為計量方式。現在店內仍保有當時買賣用的米籃，以毛筆書寫「昭和十年乙亥孟春口」。早期米糧的買賣方式是以容積來計價，篋仔是盛米的容器，也是買賣的單位。

戰後國民政府來臺，米商全部重新登記，才更名為「德盛米行」。在實行糧區制度時，都是由產地的礱米廠（大多來自雲林、嘉義、臺南）先將稻穀礱製為糙米，再以火車貨運（老闆以臺語暱稱「黑臺」）載來臺南火車站，由車站附近的米糧經紀（經銷商）派牛車去載米，再逐一分送到各米行。德盛取得糙米後，會用木製的小型礱米機再礱製為白米。隨著大型礱米廠的出現，現在已不自行精米，店面則堆滿了成袋由大型礱米工廠出貨的白米，來自彰化埤頭（晉昇礱米工廠）、臺南白河（豐裕礱米工廠）、臺南後壁（聯發礱米工廠，上水米、上水香米）等地，此外也有賣黑米、黑糯米、在來米，一應俱全。一袋營業用的米約三十公斤，小吃店一通電話就送過去。隨著家庭人口結構變化、食米量的下滑，早期送米到家庭的服務，則改由家庭上門少量購買米。

回憶各年代吃米的記憶，蔡老闆表示，以前是「一個人一個月吃一斗米」，等同於一天吃 280 克（約三、四碗飯），因為當時普通人家常常只有飯可以吃，白飯配醬油就當一餐，不像現在有麵食、素食等其他選擇，而且也少有青菜、肉、水果等副食品，飯就是填飽肚子的主要食物。更貧窮的人家則是曬乾的番薯籤與白飯一起煮。至於吃的米是何種米？因在來米與蓬萊米的價格差不多，還是依個人喜好來選擇。

現在的德盛米行，除了老闆夫婦外，兒子也一同經營，平常協助送米。感慨米糧行因屬傳統產業，收入有限，下一代接班者少，現在米糧行只剩三十幾間。但蔡老闆相信，只要吃米的需求還在，米行就不會消失，畢竟少了米行，誰來替餐飲業者送米上門呢？

【米知識鬥相報】

老闆娘回憶，大概在 1960 年時，物價是乾麵 2.5 元、湯麵 2 元、炒飯 3 元。米一斗大概 20-30 元。老師一個月的薪水大概賺 2000 元，若以當時平均家庭人數來算，一個月的用米開銷就逼近 7-8% 的收入（純吃白米的情況）。

圖 177：德盛米行招牌。

圖 178：聯發碾米廠老闆致贈的書法春聯，以「德盛」店名題字。

圖 179：現在白米零售，會將客人需要的米放上圓盤狀的 nńg-kám 並秤重。

圖 180：接著捲起 nńg-kám 放入袋中。

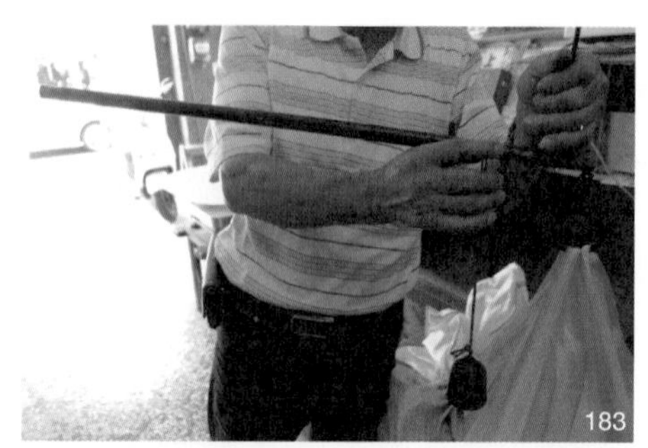

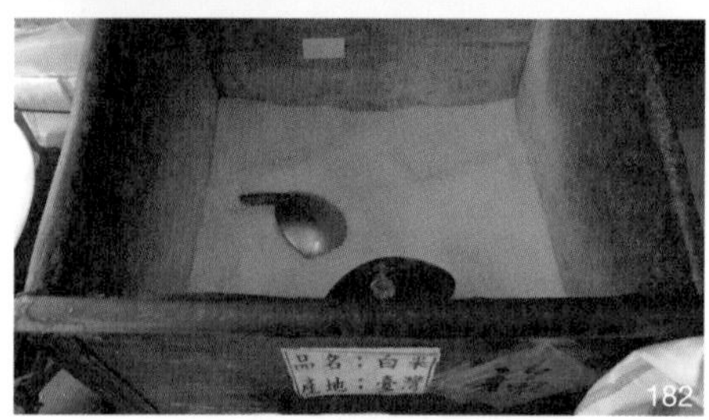

圖 181：德盛米行自家米袋。

圖 182：店面盛裝白米的老米櫃，1959 年使用到現在。

圖 183：蔡老闆示範早期沒有磅秤時，以秤仔（tshìn-á）秤重。

圖 184：現任老闆蔡明峯先生。

2. 協豐米行

地址：臺南市北區長榮路五段 343 號

電話：06-2513433、06-2516602

創立時間：1981 年

經營現況：開業中

負責人：高福得

特色：店內保留百年的「篋仔」、北區唯一的大賣

協豐米行位於長榮路五段，臨近延平市場，店面看起來像是由一疊疊比人還高的米袋築起的堡壘，經過很難不留下印象。作為北區這邊唯一的「大賣」（tuā-bē，大盤商），許多米行如忠益米廠、長樂米行都是向其進貨；而談起老闆高福得先生，入行時間甚久，更是許多資深米行口中的前輩。

高福得先生出生於 1941 年，家裡可說是「米糧世家」——父親在將軍鄉（現將軍區）開礪米廠，代客加工米穀；後來跟著姊夫林德福在西門路的新協豐米行做事，幫忙載米，1981 年才出來開了現在這間店，那時的長榮路還稱作「大光路」，馬路窄小，不似今天四線車道的寬闊，但鄰近市場，無論是批發與零售的生意皆不錯。

協豐米行自開業起即是做經銷商，主要跟花蓮玉里的「玉成礪米工廠」、彰化埤頭的「晉昇礪米工廠」合作，擔任臺南這邊的總經銷，從開業到現在已經合作了近四十年。早期是向礪米廠進貨糙米，在米行自行加工為白米後再出售，現在因產地礪米、烘乾、色彩選別機具進步，因此改為直接和礪米廠叫白米，再逐一用卡車送到下游的各米行。店裡賣的米類別眾

多，進口、國內本產米皆有，包含：越南紫糯米、美國壽司米、泰國在來米、泰國香米；國內的米則有下營弘昌碾米工廠的大力米，與彰化晉昇碾米工廠的紫黑米、臺梗九號米、長糯米，以及玉成碾米工廠的香米，此外也兼售五穀米、養生五穀粉。談起個人最推薦的米，高老闆首推玉里的 4 號香米，除了因花

圖 185、圖 186：這把百年歷史的鐵製「篋仔」（kheh-á），自將軍鄉家中米絞傳下來，上面滿是修補的痕跡，「還可以繼續用下去！」老闆娘說。

圖 187：這把是自開業用到現在，超過三十年的白鐵製「篋仔」（kheh-á），凹面處有一圈圈的製作痕跡，一勺米裝滿約 1.5 公斤。

圖 188：協豐米行高老闆曾擔任過米穀同業公會理事，此為當選證明書。

圖 189：作為「大賣」（tuā-bē），店裡一向米袋高築。

圖 190：現任老闆高福得先生。

東的自然環境較少污染，且香米有其個性，若在池上、關山就種不太起來。

經營米行倏地就過去幾十年，個性樂觀的高老闆很少感慨吃米數量的下滑、大環境使得米業經營不易，但談起經營幾十年的秘訣，老闆認為米店要開得起來，就是要人緣好、實在，這也大概是協豐米行能夠矗立數十載的原因吧！

3. 新泰行

地址：臺南市北區北成路 420 號

電話：0900-610-973、0933-276-541

創立時間：2013 年

經營現況：開業中

負責人：王俊智、黃亭喻

特色：年輕米店、特別的「售後服務」

2013年開業於國華街，新泰行曾是臺南舊市區內最「年輕」的米行。近年搬到北安路後，將工廠與店面並置，門口的櫃子擺了幾種的米，旁邊的冰箱與架子則有五穀雜糧、雞蛋、醬油等常見的食材，方便客人一次買齊料理所需。店主是年輕的老闆與老闆娘，兩人都30歲左右，樂於和客人分享與米相關的大小事。

店主王老闆原來在安平的米店送米，也曾開過炒飯店，是一個愛米成痴的人，對米相當有研究。店內販售的米都是特地選過的，有來自後壁的香米、臺版越光米，以及臺東的後山米、雲林西螺米，此外也有賣小包裝的紅米、黑米，都是跟大盤商或是碾米廠進貨，由米廠送貨，或是自己行開車去載。除了臺灣米，也會進越南米和泰國米，分裝賣給移工雜貨店，幫他們客製化標籤，老闆娘說，臺灣跟日本習慣吃粳米，但越南、泰國、印度都是吃長米，許多移工吃不習慣，因此會到雜貨店買家鄉米。

客戶包含了小吃店、餐廳，新泰行很特別的是提供另類「售後服務」，賣米之外還會跟客人交流煮飯技巧。像是會去客戶的餐廳吃飯，提供煮飯的建議；對於下重本選用好米的店家，則會主動幫忙推廣。針對上門買米的客人，也會提供「煮食建議」，教客人煮飯技巧、針對客人的需求推薦合適的米。

以最多人詢問的煮飯技巧為例，老闆娘建議：每一種米適合的煮法不同，可以先照原本的煮法，再慢慢調整，如：香米、糙米、越光米可以比平常習慣的水量多加一分。論及米的挑選與等級，則會教客人，如果家裡想吃好一點的米，例如香米，可以摻一些等級比較普通的米，這樣吃起來還是有該有的香氣，價格上則比較沒負擔。

許多會上米店買米的，大多都是注重吃的族群，如：家庭主婦、年輕人，找的都是量販店沒賣的好米。另一方面，由於米店可以秤斤論兩地買，需求量不多的單身族群，也會一次買少量，吃完再來。隨著社會環境的需求，也默默地培養起一批固定的客源。

在米行數量逐漸減少的今天，新泰行的出現，展現了老行業也可以有新做法：運用對於米的專業，協助客人作好料理；看見移工的需求，多角化的經營外國米。除了賣米，也販售屏科大的薄鹽醬油、松大牧場的人道飼養雞蛋、稻穀做的環保餐具⋯⋯，從選品就看得見店家的巧思。每次和老闆談起米，總有滔滔不絕的話題與新點子，憑藉著對於米的熱忱、勇於嘗試的精神，或許就走出了一條米行的新路。

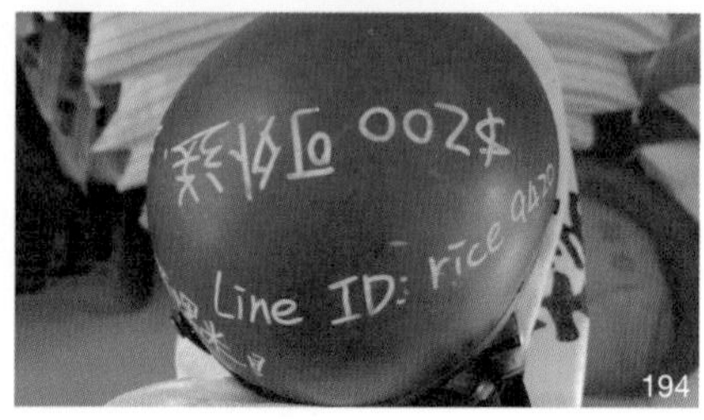

圖 191：販售品項一覽，另有以泰文、越南文併記。

圖 192：因應歲時節慶而推出不同商品，端午節特別提供粽葉。

圖 193：前為提供白米、雜貨零售，後為倉儲空間與分裝空間。

圖 194：安全帽上也不忘寫上米店資訊，成為另類行銷。

圖 195：新泰行老闆娘。

第四節　安平區

1. 正合米行

地址：臺南市安平區建平十四街21號

電話：06-2975469

創立時間：1960年以前

經營現況：開業中

負責人：侯慶春（第一代）、侯廷松（第二代）

特色：富有設計感的門面、一等米經銷商（大盤商）

第一眼見到正合米行，首先會被咖啡色系的門面所吸引：「專營臺灣好米」搭配英文店名，以合適的大小排列；旁有鐵製的鋼架伸出正方形的木製招牌，刻上特別設計的「正合米行」四字，賦予人溫潤的生活感，與其說是米行，更容易被誤認為時下流行的生活雜貨的選物店。從門面上看不出來，但正合米行已是擁有六十年以上資歷的老米行，其經營史，可說是一部臺南活生生的米糧發展史。

第一代負責人侯慶春先生，早年先在「和慶碾米所」當工人，後來自行創業，先在和平街（西羅殿旁）擺攤賣米，當時賣米的型態大抵都是攤販形式，侯先生靠著一臺腳踏車沿街送米、招攬客戶，立下了米行的根基。之後搬到海安路與菱洲東街交叉口附近，有了自己的店面，並設置了木製的單機碾米機，可向碾米廠進貨糙米，自行加工為白米。1989 年再搬到安平現址，並將精米機更新為鐵製（米筒有四層樓高），當時整個臺南市就只有和慶碾米所、正合米行、德峰米行這三間有鐵製的精米機。但由於大型碾米廠一貫化作業之故，現已拆除自家的精米機，改為向產地米廠進貨白米，店裡只用分裝機進行分裝作業。從「擺攤賣米—木製精米機加工—鐵製精米機加工—白米批發」，正合米行的經營轉變，正好是適應米業生態的見證。

第二代經營者侯廷松先生於 2003 年接手後，開始將經營重心放到「一等米」[5]，以好品質作為米行的招牌。之所以有這樣的轉變，來自於賣米環境的改變：國人食米量下滑、「吃好米」的意識提升、加工業務由產地碾米廠包辦……，在未承攬政府標案之下，作為經銷商，正合米行以價格平實的一等米為銷售主力，推廣下游米行進貨好米。店內販售的米來自西螺（正昇碾米工廠）、花蓮（年昌碾米工廠）、嘉義縣（谷平碾米工廠）、臺南縣（榮興碾米廠）等，也有長糯米、黑米、糙

5　依照中華民國國家標準（CNS），白米品質分為三個等級，分別為一等、二等、三等，各品質規格訂有一定的標準，一等米所含被害粒、白粉質粒、熱損害粒、異形粒、碎粒、夾雜物、糙米及稻穀等最少，外觀品質最好，二等米次之，三等米再次之。（出處：農糧署全球資訊網）

圖 196：正合米行店面與侯老闆夫婦。

圖 197：自行設計的米行招牌。

米等其他類別。唯一堅持的是不賣進口米，因為進口米飄洋過海經過長時間來到臺灣，為了不生米蟲，會需要噴藥維持，這與米行的經營理念不符。

身為經銷商，儘管乍看之下有著令人稱羨的規模，但老闆也坦言米行的生意越來越不好做，尤其近年機關學校的用米，規定轉向農會採購、並可用低於市價的價格購入，使得米行少了許多機會；堅持專營臺灣本產好米，但消費者對於米糧的認識有限，以長米蟲來說，許多消費者會以米蟲怪罪廠商，但不知這其實是正常現象，也與自身的保存環境有關，以至於許多廠商都靠加藥來讓米不長蟲，有些米甚至可以放兩年都不長蟲，但這樣的米，正合米行不敢賣。

圖 198：米行的分裝機。

圖 199：店內的營業用米需準備超過五十袋以上。

圖 200：長年合作的碾米廠老照片，旁有堆至兩層樓高的米袋。（圖片來源：翻攝自正昇碾米工廠「西螺好米」米袋背面。）

圖 201：正合米行侯老闆夫婦。

「專營臺灣好米」作為店面的招牌，也是老闆的理念。秉持著對米的專業，以及與產地碾米廠多年的交情與合作，正合米行引入好米，再供貨給下游米行，進而推廣至認同理念的小吃店、餐廳，最後成為消費者碗中好品質的米食料理。米食環境的提升，仰賴的是經銷商藏身其中的用心。

【米知識鬥相報】

4號香米（臺稉4號），特徵是米的邊緣有一條白白的線，如果想買香米但擔心遇到摻米，可以選擇4號香米並認明這個特徵。並且因生長環境的不同，香氣的持久度也有落差，種在西部的4號香米，香氣過幾個月後會消失，但種在東部的可較持久。因此推薦生長於東部的4號香米。

2. 水木碾米廠

地址：臺南市安平區觀音街28號

電話：06-2235289

創立時間：不確定，至今七十年以上

經營現況：開業中

負責人：蔡萬隆（第一代）、蔡水木／蔡祝美（第二代）

特色：保有五十年以上歷史的小型木製碾米機、米價黑板距離熱鬧的安平老街不遠，水木碾米廠藏身在主要幹道旁的觀亭街，是已經開店超過七十年以上的老字號了。店面是打通兩間連棟的透天厝一樓，門面還保持著早期街屋常見的樣貌：可拆卸的木門、外推木窗，但最令人眼睛一亮的還是店內擺的小型木製碾米機，說明了碾米廠的悠久歷史。

碾米廠現由第二代的蔡阿媽與其姪子共同經營，阿媽負責顧店、秤米、包裝，姪子則負責送貨，滿五公斤以上就可外送，客戶多是安平這邊的小吃店或餐廳，著名的小吃「周氏蝦捲」也是向其進貨。除了店家，也有許多街坊鄰居會自行上門採買，許多人都是買米買了數十年的老客戶，上門只要講需要多少米，也不用問價格。根據時節，阿媽也會貼心地告訴客人煮飯時要注意的事項，像是五月時新米還未收成，阿媽就會提醒：「煮飯的時候多加一點水。」若有客人買米回去覺得有問題或是吃不習慣，都可以拿米回來換。

水木碾米廠另一個特別的地方是，店裡只賣同一個地方的米。來自白河的「豐裕碾米廠」，是阿媽最信賴的米廠，由於品質穩定，工廠講信用，而且米的口感硬Q、好吃，所以已經進貨多年。除了白米，也會少量進一些在來米，提供給做碗粿、肉圓的客人。由於大型碾米機碾出來的米相較佳，碾製速度也比較快，因此在1990年代自家的小型木製碾米機壞掉後，就不再修復，而是直接向米廠進貨營業用和小包裝的白米。不僅

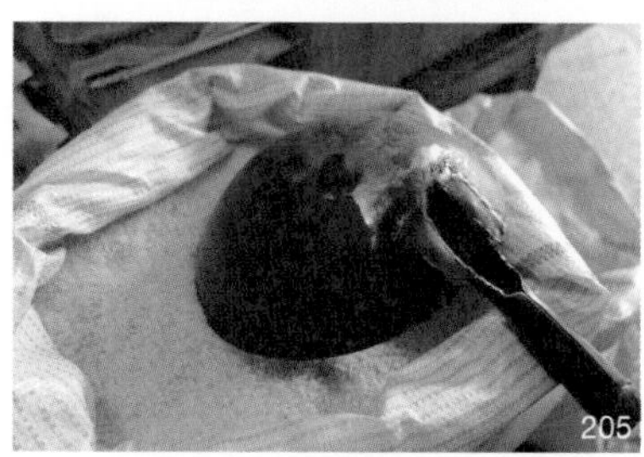

圖 202：水木碾米廠招牌。

圖 203：早期的門面，從店外可以看到碾米機。

圖 204：有著五十年以上歷史的木製碾米機。

圖 205：鐵製的「篋仔」（kheh-á）使用多年，可見修補痕跡。

圖 206：店內空間。

圖 207：白米零售價格黑板。

經營方式轉變，阿媽也感慨現代人米越吃越少，買米都是直奔大賣場，飲食習慣的變化，也使得早期安平曾有的許多米店，現在也關得只剩幾間。

當安平舊聚落的面貌隨著觀光人潮而不斷更迭，在巷弄中米廠古老的招牌下，一臺五十年以上歷史的木製碾米機，以及經營者在買賣之餘的貼心提醒、提供客人換米的信任，這些看不見的小細節，或許才是真正的「裡安平」吧。

第五節　番外篇：與米行緊密連結的小吃們

1. 郭家粽

地址：臺南市中西區友愛街 117 號（友愛市場內）

電話：06-2211531、06-2213516

創立時間：1948 年

經營現況：開業中

負責人：郭德義（第一代）、郭添財（第二代）

特色：自製竹籤、自製豆油膏

與許多老米行一樣，一晃眼便開業超過七十年，粽子的老味道也寫下了府城人「如何吃米食」的篇章。

第一代原本在臺南神社（現臺南市立美術館二館址）附近

菜市場賣粽子和四果冰（蜜餞、冬瓜絲、湯圓等料配上剉冰），被暱稱為「神社菜市仔」，是用竹子搭建的菜市場，戰後因規畫興建忠烈祠，將攤販遷移至友愛街，郭家粽也跟著搬家，一直經營到今天。

當初為什麼選擇賣粽子已不可考，但郭老闆可以肯定的是，臺南人真的愛吃菜粽，而且把粽子當早餐的很多，這可能跟原料都「純天然」有關，月桃葉、土豆、糯米、香菜，都是天然的東西，吃的時候上面再淋香油，甚至連花生粉都不用撒。這樣的粽子從早上賣到傍晚，可以當三餐，也能做點心，以前還有賣「半粒粽」，如同電影的半票一樣，主要是賣給嘴饞但零錢不夠的小朋友，足見粽子在各個年齡層受歡迎的程度。

粽子是充滿手藝活的食物，裹粽葉、填料、綁繩……沒幾項工作能讓工具代勞，儘管準備工作繁雜，但在醬料和用具上仍是自己張羅：搭配菜粽的豆油膏是每日現煮的、吃肉粽淋的「肉湯」是買蔥頭酥回來調配、菜粽用的竹籤是自己剖的。如此每日反覆地包粽、煮汁，數十年如一日。關於粽子的主角，長糯米，老闆謙虛地表示自己懂得不多，都是交給信任的米行，郭家粽從爸爸那輩開始就是向康樂街的忠益米廠購買，用的是一等的長糯米。至於粽子用的糯米好不好，有個簡單的方法可以判斷，好的糯米不沾黏，郭老闆隨手拿起用過的粽葉，

圖 208：菜粽、素粽用的自製竹籤。

圖 209：郭家肉粽料理臺，擺滿各式醬料、粽葉（竹葉、月桃葉）。

圖 210：郭老闆。

圖 211：菜粽的原料僅米與土豆。

圖 212：郭家粽。

喏，每一片葉上都不見米粒。

小小一顆粽子，包藏了兩代的手藝，還有七十年來與米行間的信任。若說臺南小吃之名冠全臺，或許背後都有一間功不可沒的米行。

【米知識鬥相報】

為什麼臺南的粽子常與味噌湯一起賣呢？郭老闆推測原因有二：

1. 味噌湯跟肉粽一樣，都是米、黃豆做的，原料一樣，吃起來比較合。
2. 日本人早餐都吃味噌湯，經過日本時代的影響，臺灣人也跟著這樣吃。味噌湯很清爽，適合早餐（而肉粽也屬於早餐，配在一起自然很搭）。

2. 禧樂米糕

地址：臺南市中西區府前路一段 251 號

電話：06-2148628

創立時間：不確定，根據前店主的年齡推算約為 1960 年

經營現況：開業中

負責人：陳老闆（自親戚接手）

特色：舀米糕的竹耙子（pê-á）、裝米糕的編織容器、全豬皮熬煮肉燥

六十年如一日的米糕

位於熙來攘往的府前路，禧樂米糕是僅存的幾間平房之一，沒有斗大的招牌，但總有許多人熟門熟路地走進來，點一碗米糕配四神湯，有時再加顆滷蛋或魯丸，熟練地坐下來靜靜地吃一餐。

已經開業超過六十年的米糕店，原名「傅美麗油飯・米糕專門」，經營者為吳源慶與其妻子傅美麗，更早之前是在水仙宮廟前擺攤賣油飯，後來才搬到府前路上，開始店面的經營，並賣起米糕。由於開在學校旁，店裡的米糕伴隨著許多學子成長，是記憶中「阿桑ㄟ米糕」，當家的油飯也是不少臺南人指定的滿月油飯。除了料理著名外，另一項不為人知的是，店主還是府城吳尚新家族的後代（吳家第十八世），店對面的神社外苑曾是吳家人興建的「宜秋山館」，而這一帶許多人都姓吳。

隨著傅女士邁入遲暮之年，店面才轉由吳家的親戚——現任的陳老闆接手。他向傅女士與其子學習料理製作與店面經營，繼續了米糕店的生意。感念前店主無償提供技術，陳老闆始終兢兢業業地開著店，「這是他們家的招牌，我不能砸了。」

也因此從米的選用、料理的方式，到使用的器具都是沿用自上一代，不敢隨意替換。米糕用的長糯米來自濁水溪，是價位最高的一等米，且是放上一年左右的舊米。選擇舊米是因為它的米心較乾燥與硬，耐得住二次加熱而不軟爛。米糕的營業時間長，無法炊好一鍋飯後就從早賣到晚，這時就需要能二次加熱又能維持口感的米。也因為是舊米的緣故，前一夜就要先浸泡，讓米吸飽水分才不容易斷裂，接著才進行炊蒸，準備的工夫相當繁瑣。

除了主原料的米須講究外，第二就是米糕的靈魂——肉燥了。肉燥是老闆親自熬煮的，因為使用全豬皮，若要不膩口，就必須慢熬幾十個小時，邊煮邊攪拌以避免燒焦，直到把油全部逼出來，才能達到入口即化，因此每煮一批都要歷時三天左右。為了平衡整體的味道，米糕必定配上魚拊（hî-hú）與小黃瓜，去油解膩。一碗小小的米糕，就像精妙設計過的味覺表演，投注了料理人的用心。

米糕維持著上一輩的滋味，料理的道具亦是。從裝米糕的編織容器（植物編成，不僅保濕還不會殘留鍋巴），舀米糕的竹耙子（pê-á，盛飯的時候可以定量，不會忽多忽少），甚至是放魚拊的罩子、裝肉燥的鍋子，都與老照片上傅美麗女士使用了數十年的一模一樣。就像陳老闆不忘上一輩技術傳承的恩情，「如果吳家（原店主）的後代要回來繼續開，這店是要還

圖 213：舀米糕的竹耙子。

圖 214：裝米糕的編織容器。

圖 215：魚掛（hî-hú）。

圖 216：投注了料理人用心的米糕。

圖 217：放置店外的招牌。

圖 218：現任店主陳老闆。

人家的。」只因在剛好的時機接手了店，學習了米糕和油飯的技術，但只是做為傳承者，而非擁有者。街角的一爿米糕店，或許傳承的不只是味道、記憶，更是人與人之間的一份恩情。

【米知識鬥相報】

為什麼米糕常常配著四神湯一起賣呢？這是因為米糕是糯米，腸胃弱的人吃了容易脹氣、不好消化，而四神湯的功用正好是顧脾胃、助消化，兩道料理一起正好抵銷。

3. 普濟殿前黃家米糕栫[6]

地址：臺南市中西區普濟街 84 號

電話：0912-126-047

創立時間：不確定，日治時期即有

經營現況：開業中

負責人：黃塗（第一代）、黃福星（第二代）、黃銅山（第三代）

特色：臺南獨有的米食點心

6　本書僅就米糕栫的用米情形進行討論，關於普濟殿前黃家米糕栫更詳盡的介紹，請見大臺南文化叢書《府城米糕栫研究》一書。

米糕栫（bí-ko-tsiàn）為臺南特有的米食點心，目前僅普濟殿前黃家、安南區黃家有在製作。米糕栫以米和糖為原料，在早期兩者都是很珍貴的東西，尤其是糖，常被作為點心，大多是比較富有的人家才能吃到一些，也因此米和糖做的點心，會被拿來作為祭祀品，將最好的心意敬獻給神明。

米糕栫的做法，是先將長糯米浸泡一夜，接著用炊斗蒸熟成米飯、加入煮熟的白砂糖漿拌勻，再把甜米糕盛入六片長木板圍成的「栫桶」，壓製一夜而成，以此方法製作的米糕栫吃起來緊實 Q 彈，由於製作起來相當費工，過往只有在普度、建醮時才得以見到。

和許多祭祀神明的糕餅相同，米糕栫以糯米為原料，這是因為糯米為臺灣原生的稻種，且黏度和甜度都較秈米（在來米）為高的緣故。糯米有分為長糯米、圓糯米兩種，米糕栫使用的是長糯米。因圓糯米煮熟較容易軟爛，較適合製作「不見米粒形狀」的紅圓、紅龜粿等點心，長糯米米心較硬，不易糊成一團，煮起來粒粒分明，吃起來較有口感，適合做甜米糕類的點心。在新舊米的選擇上，由於新米較軟，且不容易吸水，也不容易拌開，因此選擇放一年以上的舊米。

和一般日常三餐吃的白米不同，做為米糕、甜米糕、米糕栫等原料的舊長糯米，其實價格是比剛收成的長糯米還要貴的。對於米行來說，除了擺放的倉儲成本外，因米放久了以後

圖 219：以炊斗煮長糯米。

圖 220：拌入糖漿。

圖 221：裝填入桍桶。

圖 222：製作完畢的米糕桍，等待放涼。

會生米蟲，賣出前需重新碾製，但在碾製的過程中容易產生碎粒，且會再失重，加上放久的米水分會蒸發，因此十斤的新米，等放置一年後再重新碾製後售出，可能已經只剩九斤、九斤半的重量，這些都會反映在價格上，但也因此可窺見傳統點心在用料上的智慧與謹慎的態度。

米是決定米糕栫好吃與否的關鍵，尤其對於動輒要幾百斤米的米糕栫，米的品質把關只能仰賴信任的米行。黃家米糕栫堅持使用臺灣米，且從阿公那代就是和「義順發米店」購買，來源則是中部的碾米廠，至今已持續三代。這幾年因義順發米店歇業，才改向其他米行購買。從阿公到孫子，三代買賣的信任，也是延續米糕栫飄香的關鍵。

圖 223：在廟會拿到香甜米糕栫是許多老人家共有的記憶。

4. 振香居餅舖

地址：水仙宮市場內

電話：無

創立時間：日明治 43 年（1910）

經營現況：已歇業

負責人：陳蔭（第一代）、陳天賜／陳天來（第二代）、陳東榮（第三代）

特色：水仙宮市場內元老級餅舖

老米街印象

陳淑枝女士，日昭和 6 年（1931）出生於杉行街（今景福祠附近），家族經營振香居餅舖，婚後搬至赤崁街 49 號。陳女士回憶起日治時期的米街，當時已不見米店，以住家為主，住戶多為石舂臼點心攤的攤販，早上出去做生意方便，晚上可以把道具收回家；因來往經商的人多，也有不少旅社，提供特殊服務。

餅舖與米行

糕餅使用的原料以米與麵粉為主，包含糯米、在來米。出生於餅舖世家，陳女士從小就與米為伍，也見證米行的演進史。

振香居餅舖使用的米，都固定向長樂街[7]的「長樂米行」進貨，因購買量大，都請米店直接送米。大部分以圓糯米為原料的製品，先要洗好後泡水，經過兩三個鐘頭後，開始以石臼磨，在米漿將要流出來的地方裝上布袋承接，裝滿後封起，再用石頭擠壓，把水份濾出來，形成固體的「粿粞」（ké-chhòe），這些就是做湯圓、粿的原料。因早期沒有冰箱，通常都是當天磨好米，當天就製作。以米製成的點心不少，列舉如下：

1. 米糕龜

先將糯米和糖分開炊煮，再把煮熟的糯米倒入木桶中，加入熬好的糖，由三個人合力攪拌均勻，再捏成烏龜的形狀，表面會用紅紙排成龜殼的形狀，上面寫「福祿壽」。一隻龜可重達一百斤，需要好幾人才搬得動，通常是神明拜拜時使用，祝壽時也可使用。

2. 紅龜

以糯米製成的粿。臺南人做 16 歲（成年禮）時，外婆會

7　長樂街為舊地名，現為民權路三段。

幫外孫、外孫女準備紅圓，分送給親友，以示外婆慶祝成年。交情好的，一顆紅龜重達一斤（600公克），一般的鄰居朋友送的則是手掌大小。民間的習慣是送紅龜不能過中午，不然會沒面子，因此每年農曆七月七日餅舖從半夜就開始準備，忙得不可開交。

3. 菜碗（雲片糕、麻荖、米荖）

拜拜用的「菜碗」，會放菜燕、雲片糕、麻荖、米荖、小餅乾兩種，一共六種，其中雲片糕、麻荖、米荖都是米製成的。

4. 圓仔

即湯圓。外皮以「粿粞」做成，紅色和白色分別代表金、銀，吃的時候不能說要吃紅色、白色，要說吃金色、銀色，且不能一次吃全部白色的湯圓。

5. 菜包

冬至的時候吃。外皮以「粿粞」做成，裡面包有酸菜、花生粉、豆腐干、肉絲等。

6. 米糕栫

做法類似米糕龜，但攪拌後的熟糯米和糖，會放入六片木板圍成的六角柱內。拜完後拆開木板，糯米已擠壓成柱狀的六角形，這時再切成一塊一塊分送。以前臺南的餅舖都會做，通常是普度時才會做。

雖然餅舖位於杉行街，空間不大，但來買的客人很多，早期遠從恆春來的都有，有些人是買糕餅回去賣，可能是因為鄉下地方糕餅店沒那麼多的緣故。所以每當遇到米用量大的節慶，如：三日節、清明節，米是必須要用搶的。

日本時代如何吃米

聊到日常吃米的經驗，和現代有很大的不同。像是街上隨處都有的日式壽司，成長於日本時代的陳女士，小時候是很少吃過的，因為白米很貴，不會這樣直接吃。

到了戰爭期間，米糧短缺，需要申請並且通過許可才能配給到米、麵粉與其他原料，許多人家因為沒配給到這些，生意沒辦法做，平常也吃不到甜點。陳女士因為家中經營餅舖，規模尚可，所以才能申請到米等原料，相較於其他人家，三餐還有機會吃到白飯。不過戰爭期間管制嚴格，有一次母親曾因煮白米飯被日本警察發現而被打，因警察懷疑在配給制度下，怎麼會有白米可煮，懷疑是私自窩藏。也顯示了戰爭期間臺灣人吃米的困難。

圖 224：振香居餅舖第三代陳淑枝女士。

圖 225：（左）陳淑枝女士（右）其女郭教授。

結論

日常生活史裡的臺南學

以「紀錄在地豐富文化」為宗旨，臺南市政府文化局[1]過去曾推出了「南瀛文化研究叢書」[2]，紀錄粉間、市場、漢藥店等主題的專書，而2013年起編纂的「大臺南文化叢書」，則以充實「臺南學」為目標，涵括大臺南地區的各種文化主題，本書作為本系列叢書的第八輯之一，以「府城」為範圍，以「米食」為核心，記錄了二十五間米行、礱米廠、米食小吃的故事，並試圖在故事與史料間，爬梳米食文化的物質面向、空間分布，以及隱而不顯的日常生活史。

近年臺灣歷史學界新興的「日常生活史」[3]研究潮流，運用新史料（日記、報刊雜誌），試圖點、線、面，「脈絡化」地去刻劃一個時代，以此方法進行研究，且被以「史普」專書

1　此處稱之臺南市政府文化局，為2010年升格直轄市後，整併原臺南縣政府文化處與臺南市政府文化觀光處所立。

2　臺南縣政府文化局自1994年始規劃、編印至2010年臺南縣市合併前之系列叢書，為研究臺南縣各種文化面向的文獻史料叢書，共16輯，100本專書。

3　中國學者劉成新在2006年發表的〈日常生活史：一個新的研究領域〉專文指出：「日常生活史研究發展迄今，已具備『研究對象微觀化』、『目光向下』、『研究內容包活萬象』、『重建全面史』和『他者立場』。」

出版、為大眾所認識的，有陳柔縉的《人人身上都是一個時代》、《廣告表示：＿＿＿。老牌子．時髦貨．推銷術，從日本時代廣告看見台灣的摩登生活》、蔣竹山《島嶼浮世繪：日治臺灣的大眾生活》、陳文松《來去府城透透氣：一九三〇～一九六〇年代文青醫生吳新榮的日常娛樂三部曲》等書，皆是以日治時期為舞臺，探討當時臺灣日常生活樣貌。

對應上述日常生活史的研究範疇，其關注的時代更為晚近的「在地文化」系列叢書，所開啟的是何種研究維度與關懷，於現代社會的積極意義為何，則是本書在寫作過程中反覆思考的。在《流轉的街道：府城米糧研究》、《延綿的餐桌：府城米食文化》兩書中，雖內容觸及到了臺灣三百年來的歷史時間軸（荷治、清領、日治），但絕大部分的討論範圍仍屬戰後（1945 年）迄今，這是一個「見證者尚存」的時間範圍，對於老一輩而言，其書寫的內容是其生活經驗的一部分，屬於「已知的事實」；但對於近幾十年出生的世代來說，書中記述這些經驗填補了在歷史教科書上不曾紀錄、甚至親族長輩也不見得會主動提起的「某段空白」。

對於映射在不同世代間產生的不同意義，希望不只是「陳述某一輩人的已知事實」，在研究方法上運用口述訪談、政策整理、機具演進歷程爬梳等盡可能全面的角度，打破人囿於其所身處位置所看見事實的侷限性，例如針對「礱米廠消失於市區」的課題，市區的米商反應的是大型米廠的興起，而產地的業者則視為生產端的各式工具推進的結果。而針對「沒有米行」記憶的年輕世代，則試圖從純歷史的書寫中，整理出地區的空間演進、個別店家的故事等主題，建構上一輩的常民的生活圖像，以此為基礎進一步理解今日所見的街景、產業、購買行為是如何構成。「米」不僅是吃食，更可以是一個引子，引領我們回頭認識當代社會文化是如何一路走來。

或許正是因為討論的時間範疇更晚，更有機會接近當代，甚至向後產生影響吧。作為一種在地文化的書寫，不只是將歷史與記憶整理收納、入書典藏，從當下景況的認識，同時有沒有可牽動到未來？當碾米廠與米行消失、白米從同生共存的生活體，成為了架上的一種商品，吾輩可採取何種行動來回應；在年輕世代與傳統習俗漸遠的今天，若能意識到米食作為構成精神信仰的中介，那麼傳統的糕餅是否就會不只是一種吃食，而是站在某種文化精神面上的體驗？或許這些正是此類「在地文化」書寫可以期待帶來的積極意義。

以空間思考米糧文化與自身

在進行著各式各樣的調查時，不免會想，當然，我們所採集的故事發生在臺南、府城，理所當然是「臺南學」的一份材料。但是，材料的採集整理，是否就直接指向了所謂的「臺南學」？米行數量減少的情況，以及許多個人回應結構變遷的故事樣態，並不只發生在臺南。那麼在什麼意義上，我們可以說這些故事所構成的景致是「臺南」的，因此她可以被稱之為一種「臺南市常民生活文化」、可以被稱為是「『臺南』學」。

在建築史裡，我們特別重視時間和空間的範圍，對於空間面向的重視，空間如何影響了社會文化，在這一點上面建築史和地理學頗為相近。[4] 思考一個具有相對明確的空間範圍的研究對象這一點也許對於島國來說特別重要。「臺南學」如何得以「臺南」、「臺灣研究」的內涵如何可以「臺灣」，這非常是對於主體性的追問，也與社群認同的投射對象這件事一體兩面。

在臺灣，尤其是臺南，歷史中的政權更迭以及隨之的政策轉換，頗為明顯表現在我們層層疊疊的都市空間紋理中。不只是清領時期和日治時期而已，透過更進一步的研究，我們或能將空間的層次往前推至荷蘭時期，以及在自己的記憶裡的近代、當代空間變化，許多發生在其中的事情。就像民族路夜市的消失、騎樓淨空政策、文化園區的設置、海安路的拓寬、中

4　其他如民族學、人類學、社會學等知識社群對於「空間、地理」在研究上的理解，或許可以參見陳文德，2002。

國城的拆除等等。

在這裡，似乎可以看到歷史中連續不斷的一面。回到米街，新美街在 2011 年之後不幾年，在老屋欣力運動的風行下，不少街屋都再利用為當代的用途。在同一條街上，也有新注入的社群力量。「米街」這個名字，一直存在在居民的生活裡，指涉這個地方，而今，又取得了新的意涵。回到本書念茲在茲的社會經濟面向裡的謀生活動，我們不妨將這些變化，消失的旅社和餐廳的開幕，視為是在這個時代的大條件下，一種謀生的可能方式。

於是，我們可以將當下的生活與歷史相結合，將他人的生活和自己的結合。看見米街，其實就是看見我們自己的生活。在這個意義下，米糧文化並不是外於我們生活的事情，她更可以在各個可能的場合，在城市的各個角落，成為我們生活的一部分。

謝誌

本書與另一《延綿的餐桌：府城米食文化》得以付梓，首先要感謝各受訪米行、礱米廠、米食小吃店家：三順米行、泉記米行、成記米行、正豐礱米所、大明礱米所、永正誠米鋪、長樂米行、忠益米廠、瑞元米行、三新礱米所、新瑞隆糧行、新德成糧行、榮記糕粉廠、永吉米行、全發米行、德成糧行／富穀樂糧行、德盛米行、協豐米行、新泰行、水木礱米廠、正合米行、郭家粽、禧樂米糕、普濟殿前黃家米糕栫、振香居餅舖。（以上依介紹順序排列）

謝謝您們的無私分享，才能讓米糧的歷史面貌完整，並且流傳給下一代人。感謝黃文博主編的邀請，使得米糧文化得以納入「臺南學」研究的一環，能有機會以書面形式留下紀錄，也謝謝編輯許琴梅小姐協助調閱圖資的辛勞。

本書的部分內容源自於財團法人古都保存再生文教基金會之「臺南市舊城區常民生活米糧相關文化資產調查計畫」，感謝張玉璜董事長、顏世樺執行長及董事會的支持，讓調查成果得以延續到本書，亦感謝當時曾挹注此計畫的國家文化藝術基金會[1]，以及當時協力調查的志工夥伴：王思皓、王文美、王聖凱、吳書瑀、吳馥均、李幸育、李佩玟、林沛佳、林延隆、施利潔、許庭瑋、袁培倫、陳立恆、張芷寧、張育甄、陳秋如、陳俊銘、楊雅馨、萬育莘、蘇苡柔、楊昀珊、翁江衛。

亦致上感謝予本書寫作過程中提供建議、資料、引介相關人士的：長興里李茂德里長、臺南市米穀商業同業公會杜宜展理事長／張中慧總幹事、臺南市商業會、天心軒素食喜餅、廖泫銘、李青純。感謝來自各方的協力，本書才得以完成。

1　感謝國家文化藝術基金會挹注 2015-1 期、2016-1 期調查研究、2018-1 出版的補助。

參考書目

方志

劉良璧，《重修福建臺灣府志》，臺北：臺灣銀行經濟研究室，1961。

專書

1. 伊能嘉矩，《臺灣文化誌》中卷，南投：國史館臺灣文獻館，2011。
2. 林川夫主編，《民俗臺灣》，臺北：武陵出版，1991。
3. 葉石濤，《紅鞋子》，高雄：春暉出版社，2000。
4. 吳瀛濤，《臺灣民俗》，臺北：眾文圖書，1998。
5. 邱淵惠，《臺灣牛：影像、歷史、生活》，臺北：遠流，1997。
6. 陳文松，《來去府城透透氣：一九三〇～一九六〇年代文青醫生吳新榮的日常娛樂三部曲》，臺北：蔚藍文化，2019。
7. 黃崇凱，《文藝春秋》，臺北：衛城出版社，2017。
8. 漢聲雜誌社，《漢聲小百科》，臺北：英文漢聲出版公司，1984。

9. 互助營造股份有限公司，《臺灣營造業百年史》，臺北：遠流，2012。
10. 行政院農業委員農糧署，《稻米達人大挑戰》。臺北：遠足文化公司，2012。
11. 朱天心，《古都》，臺北：麥田，1997。
12. 朱天心，《漫遊者》，臺北：聯合文學，2000。
13. 中村孝志，吳密察、翁佳音、許賢瑤編，《荷蘭時代臺灣史研究》，臺北：稻鄉出版社，2002。
14. 周憲文，《清代臺灣經濟史》，臺北：臺灣銀行經濟研究室，1957。
15. 謝美娥，《清代臺灣米價研究》，臺北：稻鄉出版社，2008。
16. 石萬壽，《臺南府城防務的研究》，臺南：石萬壽，1985。
17. 施添福編，《臺灣地名辭書卷廿一－臺南市》，臺北：臺灣省文獻委員會，2001。
18. 張宗漢，《光復前臺灣之工業化》，臺北市：聯經，1980。
19. 黃世孟，《日據時期臺灣都市計畫範型之研究》，臺北市：臺灣大學土木工程學研究所都市計畫研究室，1987。
20. 臺南市役所，《臺南市ノ工業》，臺南市：臺南市役所，

1926。

21. 臺南市勸業協會，《臺南市商工案內》，臺南市：臺南市勸業協會，1934。
22. 蘇碩斌，《看不見與看得見的臺北》，臺北：左岸文化，2005。
23. 黃武達，《日治時代臺灣都市計畫歷程基本史料之調查與研究》，臺北：文化大學，1997。
24. 臺南州役所編印，《臺南州管內概況及事務概要（昭和3年版）》－《臺南州管內概況及事務概要（昭和15年版）》，臺南州：臺南州役所，1928-1940。

期刊

1. 吳聰敏，〈臺灣戰後的惡性物價膨脹（1945-1950）〉，《國史館學術集刊》，南投：國史館臺灣文獻館，2006。
2. 廖淑芳，〈在一個沒人注意或有意疏忽的角落，固執地種植我的花朵——七等生〉，《第十四屆國家文藝獎得獎專刊》，臺北：國家藝術基會，2010。
3. 鄭安佑、吳秉聲、徐明福，〈現代化過程中「社會經濟—都市空間」的謀生景致—以1934年臺南市末廣町路、本町路與米街為例〉，《建築學報》（105）：93-118，臺灣建築學會，2018。

4. 鄭安佑、徐明福、吳秉聲，〈日治時期臺南市（1920-1941）「都市空間—社會經濟」變遷—指向經濟的都市現代化過程〉，《建築學報》（建築歷史與保存專刊）（85）：23-41，臺灣建築學會，2013。
5. 陳其南，〈臺灣地理空間想像的變貌與後現代人文地理學－一個初步的探索〉，《師大地理研究報告》（30）：175-220，國立臺灣師範大學地理學系，1999。
6. 奧田彧、陳茂詩、三浦敦史，〈荷領時代之臺灣農業〉，《臺灣經濟史初集》。臺北：臺灣銀行經濟研究室，1952。
7. 陳冠妃，〈從碑亭到鐘鼓樓 -- 談臺南接官亭風神廟石亭的「修復」問題〉，《歷史臺灣》（10），國立臺灣歷史博物館，2016。
8. 謝美娥，〈清代開港前安平的經濟發展〉，《承先啟後——王業鍵院士紀念論文集》，臺灣：萬卷樓，2016。
9. 鄭安佑、吳秉聲、徐明福，〈稻穀 白米—多聚落架構下臺南市的社會經濟活動與都市空間之關係（1920-1941）〉，2014 臺灣建築史論壇，臺北，2014。
10. 鄭安佑、吳秉聲、徐明福，〈「指向現代經濟」的都市空間變遷—從米街（今臺南市新美街）談起〉，2013 臺灣建築史論壇，臺中，2013。
11. 葉淑貞，〈臺灣工業產出結構的演變：1912-1990〉，《經濟論文叢刊》，24（2），227-273，1996。

資料庫

1. 中央研究院地圖數位典藏整合查詢系統。
2. 國立臺灣歷史博物館典藏網。
3. 中央研究院臺灣文獻叢刊資料庫。
4. 國立臺灣圖書館日治時期圖書全文影像系統。
5. 國史館臺灣文獻館館藏史料查詢系統。
6. 行政院農業委員會農業資料統計查詢。
7. 中央研究院語言學研究所「閩客語典藏」。

檔案

1. 「電送臺南市伕價牛車價格乙覽表請察核由」（1950 年 08 月 10 日），〈本省縣市各級民眾反共自衛隊編組規程〉，《臺灣省級機關檔案》，國史館臺灣文獻館（原件：臺灣省政府），典藏號 0040121008741011。
2. 「劃定糧區管理糧運案」（1946-07-00），〈省參議會會議〉，《臺灣省行政長官公署檔案》，國史館臺灣文獻館，典藏號 00301910005013。
3. 「茲呈送長樂碾米廠設立申請書暨切結書請察核」（1953 年 03 月 12 日），〈臺南市工廠登記〉，《臺灣省級機關檔案》，國史館臺灣文獻館（原件：臺灣省政府），典藏號 0044720023078006。

網路資源

1. 誠品網路編輯群，〈黃永松談漢聲小百科：以本土田野調查和訪問為骨幹，導引出世界性的知識〉，網址：http：//stn.eslite.com/Article.aspx ？ id=2415（2019/3/13）
2. 上下游新聞，〈米價多少才合理？從生產成本談起〉，網址：https：//www.newsmarket.com.tw/blog/48036/
3. 國家文化資產網，網址：https：//nchdb.boch.gov.tw/

學位論文

1. 鄭安佑，《都市空間變遷的經濟面向一以臺南市（1920年至 1941 年）為例》，臺南：國立成功大學建築學系，2008。
2. 吳秉聲，《府城（臺南）五條港聚落空間的歷史變遷》，臺南：國立成功大學建築學系，1997。
3. 柯俊成，《臺南府城大街空間變遷之研究（1624-1945）》，臺南：國立成功大學建築學系，1998。
4. 鄭安佑，《視而後現一臺南市「社會經濟一都市空間」變遷（1895-1945）》，臺南：國立成功大學建築學系，

2018。

5. 吳秉聲，《幻景：殖民時期臺灣都市空間轉化意涵之研究：以臺南及臺北為對象（1895 - 1945）》，臺南：國立成功大學建築學系，2007。
6. 高淑媛《臺灣近代產業的建立——日治時期臺灣工業與政策分析》。臺南：成功大學歷史研究所博士論文，2003。

附錄

一、每人每年純糧食供給量

年份	米的消費量（公斤）	年份	米的消費量（公斤）
41 年	126.0600	62 年	129.8400
42 年	141.1900	63 年	134.1500
43 年	124.8500	64 年	130.3900
44 年	134.1800	65 年	128.1200
45 年	132.5900	66 年	125.0600
46 年	133.9100	67 年	113.9900
47 年	131.7400	68 年	105.2700
48 年	135.3100	69 年	100.8200
49 年	137.7400	70 年	96.5400
50 年	136.7800	71 年	93.0700
51 年	132.1000	72 年	89.3300
52 年	134.3600	73 年	84.3951
53 年	129.8700	74 年	80.1836
54 年	132.8500	75 年	76.4626
55 年	137.4200	76 年	73.3310
56 年	141.4700	77 年	70.1397
57 年	139.9300	78 年	68.2638
58 年	138.7400	79 年	65.9408
59 年	134.4500	80 年	62.4958
60 年	134.2800	81 年	62.2294
61 年	133.5200	82 年	60.6947

年份	米的消費量（公斤）	年份	米的消費量（公斤）
83 年	59.8917	96 年	47.4750
84 年	59.1032	97 年	48.0350
85 年	58.8355	98 年	47.0480
86 年	58.4015	99 年	46.1831
87 年	56.7449	100 年	44.9619
88 年	54.9003	101 年	45.6383
89 年	52.6923	102 年	44.9575
90 年	50.0959	103 年	45.6976
91 年	49.9627	104 年	45.6746
92 年	49.0526	105 年	44.4766
93 年	48.5627	106 年	45.4275
94 年	48.6041		
95 年	48.0394		

資料來源：行政院農業委員會 農業統計資料查詢
（https://agrstat.coa.gov.tw/sdweb/public/inquiry/InquireAdvance.aspx）

二、歷年來臺灣稻米產量

年份	稻米產量（公斤）	年份	稻米產量（公斤）
50 年	2,547,705,000	57 年	3,169,063,000
51 年	2,670,860,000	58 年	2,914,411,000
52 年	2,659,779,000	59 年	3,095,633,000
53 年	2,841,715,000	60 年	2,913,559,000
54 年	2,964,828,000	61 年	3,065,738,000
55 年	2,997,358,000	62 年	2,842,094,000
56 年	3,037,617,000	63 年	3,102,658,000

年份	稻米產量（公斤）	年份	稻米產量（公斤）
64 年	3,162,728,000	86 年	2,041,843,000
65 年	3,423,450,000	87 年	1,859,157,000
66 年	3,351,135,000	88 年	1,916,305,000
67 年	3,093,497,000	89 年	1,906,057,000
68 年	3,096,041,000	90 年	1,723,895,000
69 年	2,966,452,000	91 年	1,803,187,000
70 年	3,004,808,000	92 年	1,648,275,000
71 年	3,141,363,000	93 年	1,433,611,000
72 年	3,143,850,000	94 年	1,467,138,000
73 年	2,840,720,000	95 年	1,558,047,975
74 年	2,749,848,000	96 年	1,363,457,652
75 年	2,496,510,000	97 年	1,457,175,031
76 年	2,402,477,000	98 年	1,578,169,132
77 年	2,331,916,000	99 年	1,451,011,257
78 年	2,355,243,000	100 年	1,666,273,471
79 年	2,283,670,000	101 年	1,700,228,683
80 年	2,311,638,000	102 年	1,589,564,227
81 年	2,069,880,000	103 年	1,732,209,686
82 年	2,232,933,000	104 年	1,581,731,749
83 年	2,061,403,000	105 年	1,587,776,407
84 年	2,071,968,000	106 年	1,754,049,019
85 年	1,930,897,000		

資料來源：行政院農業委員會 農業統計資料查詢
（https://agrstat.coa.gov.tw/sdweb/public/inquiry/InquireAdvance.aspx）

作者簡介

邱睦容

國立成功大學歷史學系學士。關注米糧歷史、常民文化、空間研究與藝術生產，欲以當代意識重新理解過去，並為之轉譯。

著有《府城米糧學習帳》，曾參與古都基金會〈臺南市舊城區常民生活米糧文化資產調查計畫〉、內容力有限公司〈日治至戰後水利與糧政影響下的臺南市米糧文化歷史調查〉、臺南市文化局「城市潛綠體－水交社地景光合計畫」創作計畫等，現為大臺南文化資產研究員。

個人網站：http://mu-jung.com/

聯絡信箱：goonedge@gmail.com

鄭安佑

學歷：

2018，國立成功大學建築學系博士

2016-2017，英國倫敦大學（The Bartlett， UCL）建築史學程

研究（科技部補助博士生赴海外研究計畫）

2008，國立成功大學建築學系碩士

2005，國立臺灣大學經濟學系學士

研究領域：

1. 建築史研究方法
2. 臺灣建築史、都市史、聚落研究
3. 後殖民研究與多元現代性理論
4. 地理資訊系統

經歷：

2020-，國立成功大學建築學系博士後助理研究員

2020-，財團法人古都保存再生文教基金會副執行長

2019-，新營社區大學講師

2018-2020，國立成功大學建築學系博士後研究員

大臺南文化叢書第 8 輯 02

流轉的街道：府城米糧研究

作　　者／邱睦容、鄭安佑
社　　長／林宜澐
總　　監／葉澤山
召 集 人／黃文博
審　　稿／黃文博
行政編輯／何宜芳、許琴梅
總 編 輯／廖志墭
執行編輯／宋繼昕
編輯協力／宋元馨、潘翰德
封面設計／黃梵真
內文排版／藍天圖物宣字社

出　　版／臺南市政府文化局
地址：永華市政中心：70801 臺南市安平區永華路 2 段 6 號 13 樓
民治市政中心：73049 臺南市新營區中正路 23 號
電話：（06）6324453　網址：http：// culture.tainan.gov.tw

蔚藍文化出版股份有限公司
地址：10667 臺北市大安區復興南路二段 237 號 13 樓
電話：02-22431897
臉書：https://www.facebook.com/AZUREPUBLISH/
讀者服務信箱：azurebks@gmail.com

總 經 銷／大和書報圖書股份有限公司
地址：24890 新北市新莊市五工五路 2 號　電話：02-8990-2588

法律顧問／眾律國際法律事務所　著作權律師／范國華律師
電話：02-2759-5585　網站：www.zoomlaw.net

印　　刷／世和印製企業有限公司
定　　價／新臺幣 420 元
初版一刷／ 2020 年 12 月
I S B N：978-986-5504-10-6　G P N：1010900914
分類號：C068
局總號：2020-567

國家圖書館出版品預行編目（CIP）資料

流轉的街道：府城米糧研究 / 邱睦容, 鄭安佑著 . -- 初版 . -- 臺北市 : 蔚藍文化 ; 臺南市 : 南市文化局 , 2020.12
面； 公分 . --（大臺南文化叢書 . 第 8 輯 ; 2）
ISBN 978-986-5504-10-6（平裝）
1. 糧食業　2. 歷史　3. 臺南市

481.1　109009279